山地建筑结构设计常见问题与处理对策

赵　华　陈庆玉　江　雪　主编

北京工业大学出版社

图书在版编目（CIP）数据

山地建筑结构设计常见问题与处理对策 / 赵华，陈庆玉，江雪主编. — 北京 ：北京工业大学出版社，2021.2

ISBN 978-7-5639-7840-3

Ⅰ. ①山… Ⅱ. ①赵… ②陈… ③江… Ⅲ. ①山地—建筑结构—结构设计—研究 Ⅳ. ①TU29

中国版本图书馆 CIP 数据核字（2021）第 034127 号

山地建筑结构设计常见问题与处理对策

SHANDI JIANZHU JIEGOU SHEJI CHANGJIAN WENTI YU CHULI DUICE

主　　编： 赵　华　陈庆玉　江　雪
责任编辑： 刘　蕊
封面设计： 点墨轩阁
出版发行： 北京工业大学出版社
（北京市朝阳区平乐园 100 号　邮编：100124）
010-67391722（传真）　bgdcbs@sina.com
经销单位： 全国各地新华书店
承印单位： 天津和萱印刷有限公司
开　　本： 710 毫米 ×1000 毫米　1/16
印　　张： 6
字　　数： 120 千字
版　　次： 2022 年 5 月第 1 版
印　　次： 2022 年 5 月第 1 次印刷
标准书号： ISBN 978-7-5639-7840-3
定　　价： 58.00 元

前　言

本书简单介绍了山地建筑结构设计相关基本知识，重点阐述了山地建筑结构设计要点、常见问题及处理对策，以适应当前山地建筑结构设计的发展现状和趋势。

全书共五章，包括山地建筑结构设计概念与基本知识、山地建筑结构设计分析、山地建筑地基基础设计分析、山地建筑结构设计常见问题及处理、山地建筑结构设计实例等内容。本书突出了基本概念与基本原理，在编写时尝试多方面知识的融会贯通，注重知识层次递进，同时注重理论与实践的结合。

本书特点主要有以下几个方面：

（1）在编写上以培养读者的能力为主，强调内容的针对性和实用性，体现“以能力为本位”的编写指导思想，突出实用性、应用性；

（2）层次分明，条理清晰，逻辑性强，讲解循序渐进；

（3）知识通俗化、简单化、实用化和专业化，叙述详尽，通俗易懂。

本书可供相关行业技术人员参考使用，也可作为普通高等院校相关专业的辅助教材或者学习参考用书。

为了保证研究内容的丰富性和多样性，在写作过程中编者参考了大量的文献，在此谨向相关文献的作者表示衷心的感谢。

最后，由于编者水平所限及本书带有一定的探索性，因此本书的体系可能还不尽合理，书中难免存在不足之处，恳请广大读者批评指正。

目　录

第一章　山地建筑结构设计概念与基本知识

第一节　山地建筑的自然影响因素

由生态观的讨论，我们知道，任何山地建筑所处的山地自然环境都是一个某种层次的山地生态系统。在这个系统中，地质、地形、气候、水文、植被等各生态因子相互作用、相互平衡。山地建筑（及其人为环境）作为该生态系统的一个新成员，自然会受到各生态因子的作用和约束。要使山地建筑对各生态因子的作用适时、适当地做出反应，维持山地生态系统的平衡，详细探讨各生态因子对山地建筑的具体影响是非常必要的。

一、地质

地质决定了基地的承载力和稳定性，它对山地建筑的安全至关重要。例如，在湿陷性黄土地区，土层受水膨胀并失去收缩的性能，会导致建筑的损坏；在沼泽地区，地表经常处于水饱和状态，地基承载力极低；在具有可溶性岩石（如石灰岩、盐岩、石膏等）或发生大规模采矿的地区，溶洞和因开矿而形成的地下采空区会使建筑物渗水和塌陷。

为了避免地质因子对建筑的不良影响，我们一方面应对山坡基地进行详细的地质勘察，根据山地环境的地质构造，谨慎选择基地位置；另一方面应精心选择建筑的结构形式和工程加固措施，以减弱和弥补地质条件的不足。当然，以上的工作主要依靠地质学、结构学专业人员进行，建筑设计人员可以在允许的选择范围内，结合建筑的接地形态、功能组织、景观设计，做出适当的处理。

二、地形

（一）坡度特征

地形坡度对于山地建筑而言是一个极其重要的影响因素。从理论上讲，山地建筑可以生存于各种坡度的地形条件中，只是其难易程度不同。有资料显示，在坡度大于 5% 的地形上建设道路、给水工程和供热工程时，工程技术费用比在平原地区明显增加。仅从道路长度看，在平均坡度为 5% 的地形条件下，若路长为 1，则在平均坡度为 5% ～ 10% 的地形条件下，每增加一个百分点，道路长度增加 1.2 倍。

坡度不仅在工程经济方面影响着山地建筑，在某种程度上，它还是影响山地生态环境稳定的主要因素。坡度越大，山地区域的地质稳定性越差，水土流失的可能性也越大，容易出现崩塌、侵蚀、径流量增加等不良现象。因此，在山地建设中，开发密度的大小常需依照地形坡度而定。例如，美国加州的一个小镇便按照坡度规定每块土地应根据一定的比例留有空地，不许人为改动，以尽量保持山地的原有地形。

当然，对山地建筑来说，地形因素并非只是不利因素。有时，地形的起伏往往能给人们带来特殊的便利，使山地建筑具有平地建筑所没有的优势。例如，利用地形坡度，我们可以使山地建筑具有“不定基面”，灵活组织功能流线，并可在满足建筑规范的前提下增加住宅建筑的层数，而不必增设电梯；或者，依托地形的天然坡度，设置剧场、影院的观众厅，使建筑功能空间与山地空间相契合。此外，山地地形还常常是山地建筑具有独特艺术感染力的根本因素。例如，山西浑源的悬空寺建于陡峭的山崖上，其基地坡度远大于 100%，按照常规，这是不可想象的，然而它的艺术效果是震撼人心的。

（二）山位特征

在山地环境中，山位所体现的是各个不同的局部地形，因此它具有不同的空间属性、景观特征和利用可能。山位特征如表 1-1 所示。

表 1-1　山位特征

山位	空间特征	景观特征	利用可能
山顶	中心性、标志性强	具有全方位的景观，视野开阔，对山体轮廓线影响大	面积越大，利用可能性越大，并可向山腹部位延伸

续表

山位	空间特征	景观特征	利用可能
山脊	具有一定的导向性，对山脊两侧的空间有分割作用	具有两个或三个方向的景观，视野开阔，体现了山势	面积越大，利用可能性越大，并可向山腹部位延伸
山腰	空间方向明确，可随水平方向的内凹或外凸形成内敛或发散的空间，并可随坡度的陡缓产生紧张感或形成稳定性	具有单向性的景观，视野较远，可体现层次感	使用受坡向限制，宽度越大，坡度越缓，越有利于使用
山崖	由于坡度陡，具有一定的紧张感，离心力强	具有单向性景观，其本身给人以一定的视觉紧张感	利用困难较大
山麓	类似于山腰，只是稳定性更强	视域有限，具有单向性景观	当面积较大时，利用受限制较少
山谷	具有内向性、内敛性和一定程度的封闭感	视域有限，在开敞方向形成视觉通廊	当面积较大时，利用受限制较少
盆地	内向性、封闭性强	产生视觉聚焦	当面积较大时，利用受限制较少

三、气候

在山地区域，气候的变化一方面体现了一定地理经纬度的大气候特征，另一方面还表现了各个不同地域的小气候特征。其中，大气候特征的产生主要与地球表面的大气环流或宏观地形有关，其影响的范围较广，对于各地的气候起着主导作用；而小气候特征则与地区的微观环境有关，其影响的范围有限，但是常常体现了一定的特殊性，具有鲜明的地方特征。显然，大气候特征多与地球本身的运行规律及天体辐射有关，具有一定的普遍性，我们不对其进行深入探讨，而把注意力集中于对微观小气候的研究。

对于山地微观气候的影响因素及其典型表现，英国曾依据本地的实际情况，进行过概括的分析。但是，他们的分析图仅仅罗列了海拔对气候变化的影响，并没有包括对其他地理要素的陈述。我们知道，组成山地微观地理环境的地理因子包括山体形势、海拔、坡地方位及山地地貌，它们与日照、温度、湿度、风状况及降雨等气象因子相互作用，形成了具有不同特征的小气候特征。

高大的山脉能在很大程度上影响大气的流场和大系统的天气过程，使山脉两边的气候和天气情况截然不同。例如，像秦岭那样东西走向的山脉，能隔阻南北气团的交换，或改变气流通过秦岭山脉以后的性质，使秦岭南北两面的气候截然不同，它们成为我国气候的分界线。山脉总体愈高、愈长，阻隔作用愈大，对山脉两边气候的影响也愈大。各地区距离山脉愈近，所受影响愈大。

地方海拔对气候的影响，主要体现在温度方面。一般来说，海拔每升高 100 m 所降低的温度可与纬度向北推移 1° 相近似（北半球），即温度随海拔的升高而降低。相对来说，高海拔地区的相对湿度较大，雨量较大，风速较快。

坡地方位不同，其接受太阳辐射强度、日照时间长短都不相同，其温度差异也很大。例如，对位于北半球的地区来说，南坡所受的日照显然要比北坡充分，其平均温度也较高。而在南半球，则情况正好相反。此外，由于各个地区在各个季节的主导风向一定，坡向不同，其所受风的影响也不相同。

地形不同，各山坡基地接受辐射、日照的程度就会有所不同，其地表的水分保有量和蒸发量各不相同，通风和昼夜空气径流的状况也有较大的差异。

为了深入地揭示山地微观小气候的典型表现，我们结合气象因子来分析山地的气候状况。

（一）日照

日照是大多数山地建筑所需要的，除了影剧院、大型商场以外，其他类型的山地建筑在进行布局时总要考虑尽可能多地享受日照。在山地环境中，由于坡度、坡向和基地的海拔的不同，每块山坡基地的日照时间和允许日照间距有很大差异。太阳光线要到达山坡基地，不仅要避免被地球遮挡，还要保证不被坡地本身、当地的辐射云雾所遮挡。

1. 建筑阴影

由于地形的坡起，山地建筑的阴影长度与平地建筑会有所不同，而且，其差异的大小直接取决于山坡基地的坡度。例如，相对于我们所处的北半球来说，南坡建筑物的阴影会缩短，而北坡的则会增长，坡度越陡，缩短或增长的长度越大。山地建筑阴影长度的变化，直接决定了各山地建筑单体间的日照允许间距，这对建筑群体的布局会产生较大的影响。简单而言，与平地建筑相比，南坡的建筑间距可以适当缩小，层数可适当增多，建筑用地也较节约，而北坡建筑的情况正好相反。

2. 基地可照时间

在不同的纬度地带，各个坡向的山坡基地，其日照时间年变化存在着一定的规律。了解其中的规律，对于我们合理地计算山地建筑的可照时间、有效利用各种山坡基地是非常重要的。下面我们以 40° 纬度的山地地带为例，分别对各种坡向山坡基地的日照时间进行分析。

（1）在南坡，日照时间（晴天）的年变化特点：当坡度小于纬度时，夏至的可照时间最长，冬至的最短，年变化趋势与水平面上相同；当坡度大于纬度时，春分和秋分的可照时间最长，夏至或冬至的最短，呈双峰型变化。

（2）东南坡上午（下午）受太阳照射的情形同西南坡下午（上午）受太阳照射的情形相似，所以，我们只要讨论东南坡的情形，就可以类推西南坡的日照情况。东南坡上的可照时间年变化趋势是当坡度小时与水平面上相同，即夏至最长，冬至最短。而当坡度大时，夏至最短，且坡度愈大，这种与水平面上变化相反的趋势愈明显，但随着纬度升高，便逐渐转为与水平面上的年变化趋势一致，只是年振幅比水平面上的大为减小。

（3）东坡和西坡每天的可照时间不论夏半年或冬半年都随着坡度增大而迅速减少，但其年变化的趋势在任何纬度上和任何坡度下都基本上与水平面上的相同，即夏半年可照时间随着向夏至的接近而增加，冬半年可照时间随着向冬至的接近而减少，且纬度愈高，可照时间的年变化愈大。

（4）东北坡和西北坡的可照时间在各纬度都随着坡度增大而减小，且纬度愈高，减少愈显著，在低纬度，冬季比夏季减少更快。可照时间的变化情况是，夏季坡度大时远比坡度小时的大。冬季，在低纬度是坡度小时比坡度大时的大，在纬度较高的地方则正好相反，是坡度大时比坡度小时的大。

（5）在北坡，夏半年的可照时间与水平面上基本相同，只有当坡度较大时，在高纬度地区，北坡的可照时间随着逐渐接近春、秋分而急剧地减少，至春、秋分时降为零；冬半年，可照时间随着坡度增大而迅速地减少，且其减少率在坡度大时比坡度小时大得多，同时还随着纬度升高而急剧地增大。因此，在纬度较高的地方，只有非常缓和的北坡才可以具有很短的日照时间。

综合以上的分析，我们可以看出，由于坡地方向、坡度的不同，基地的可照时间有较大的差异，就坡向而言，南坡、东南（西南）坡的可照时间相对较长，东坡和西坡次之，北坡和东北（西北）坡的可照时间相对较短；就坡度而言，坡度越缓，可照时间相对越长，坡度越陡，可照时间相对越短。

因此，为了获得尽可能多的日照时间，山地建筑应尽量选择南坡、东南（西南）坡等向阳坡，避免北向的背阳坡，即使不得不选择东坡或西坡，也应将建筑布置成垂直等高线，使建筑面南。

3. 辐射雾的高度

除了坡向和坡度，由于云雾的作用，海拔对可照时间的影响也较为明显。例如，在我国的四川山地，一月份的日照时间在 400 m 高度左右有一个最大值，在这个高度以下，因为多辐射雾和低云，可照时间迅速减少。在400 m高度以上，可照时间向上递减，大约在900 m高度处达到最小值，由此再往上去，因为空气干燥，云雾少，可照时间便转而迅速增加。而在七月份，由于山上整个多为多云，而低处的辐射雾一般是很少的，所以在1000 m高度以下可照时间迅速随海拔增高而减少，在1000 m高度以上，可照时间随海拔变化不大。

由于辐射雾的存在，我们对山地建筑的选址应特别谨慎，尽量使建筑位于适当的高度地带。

（二）风状况

在山地，气流运动受地形的影响很大。通过对基本流场的分析，我们可以掌握风向和风速的一些基本变化规律。此外，局地环流、地形逆温也是山地环境所特有的两种气候现象。山地风状况的变化，对山地建筑及其群体的选址、布局有直接的影响。

1. 基本流场

气流通过山地时，由于受到地形的阻碍作用，其流场就会发生变化。对一般范围不大的小地形来说，气流通过阻碍它运行的小山时，一部分是从山顶越过去的，一部分是从两侧绕过去的。于是，在山的向风面一侧，下部风速减弱，顶部和两侧风速加强；在山的背风一侧，会出现静风区或涡风区。根据风向与地形的关系，我们可以把山地归纳为以下几个区域，即迎风坡区、顺风坡区、背风坡区、涡风区、高压风区和越山风区。

对于范围较大的山地区域来说，气流的流场常受山脉、沟谷的影响，产生顺山风、顺沟风等。例如，北京地区的风向总趋势受大范围的季风环流影响，冬季盛行偏北风，夏季盛行偏南风。其中昌平，正对着西北—东南走向的南口风廊，盛行风向与山谷走向一致，盛行东风和西北风；房山盛行风向受山脉影响，盛行东北—西南风。

了解了大气气流的规律，我们在进行建筑群体或单体布置的时候，可采取不同的平面布置方式和高度组合，使各个建筑单体都能获得良好的自然通风。例如，在迎风坡区和背风坡区，由于风向与山体等高线垂直，我们可使建筑平行或斜交于等高线，并在坡面处理上采取前低后高（迎风坡区）或前高后低（背风坡区）的形式；而在顺风坡区，则可使建筑单体与山体等高线垂直或斜交，充分迎取“绕山风”或“兜山风”。

2. 局地环流

在山地，由各种因素所引起的相对增热的差异或温度差异会造成局部气压的差异，从而产生了各种各样的局地环流。按照傅抱璞的分类，局地环流的表现形式有平衡风、沿谷地吹的山谷风、横截谷地的山谷风、冰河风、顺转风。其中，平衡风指由于整个山系与周围地区存在温差而形成的补偿风，如我国的昆仑山北坡，由于其与北方的塔里木沙漠有着较大的温差，就存在着吹向塔里木的凉风；沿谷地吹的山谷风即我们常说的山谷风，多发生在丘陵和山前平原地带，它是由谷地与平原之间的气流变化而引起的；横截谷地的山谷风，亦被人称为山坡风，它是由山坡与谷地之间的热力变化而引发的气流运动；冰河风是在有冰河的地方或有冰雪覆盖的山上产生的；顺转风存在于盆地和封闭的谷地中，是一种不断转动的环流形式。

以上的五种形式中，与地形密切相关的局地环流主要是沿谷地吹的山谷风（山谷风）、横截谷地的山谷风（山坡风）及顺转风。

（1）山谷风。在谷口通向平原的谷地，由于谷地中的温度日变化大，白天气温比同高度的平原上的高，夜间比同高度的平原上的低，因而产生昼夜方向相反的气压梯度，在白天形成由平原吹向山谷的谷风，在晚上形成从山谷吹向平原的山风。

（2）山坡风。在白天，山坡上的空气比同高度上的自由大气增热程度大，空气沿坡上升，形成上坡风；在夜间，下垫面辐射冷却，邻近坡面的空气跟着迅速变冷、密度增大，因而沿坡下滑流入谷地，形成下坡风。

（3）顺转风。在盆地和封闭的谷地中，由于白天一面坡地上日射强、温度高，而另一面坡地上日射弱或被荫蔽，温度低，产生局部气压差异，可以形成一种由冷坡吹向热坡方向的局地环流风。因此，在盆地内一天中的风向常常是顺时针转动的，即从早晨的东风，中午的南风，转到傍晚的西风。

了解了局地环流的形成过程，我们在进行建筑群体或单体布置的时候，不仅需考虑全年主导风向的影响，还必须注意区域地形的气流变化，使群体中有污染产生的建筑（如锅炉房、工厂厂房）处于下风向，不对居住建筑或其他公共建筑造成污染，并为各单体建筑创造良好的自然通风条件（如穿堂风）。

3. 地形逆温

由于辐射和局地环流的作用，在山谷盆地和山前平原区常常会出现逆温现象，这使得大气的水平扩散减弱，湍流交换受抑制，从而引发低层空气污染。这也是山地所特有的一种气象表现。山地逆温的形成主要与地形有关：在山地，地形的起伏使过境的环流风受到阻碍、移行速度减慢，在辐射变化的情况下，晚间山坡上的冷空气沿地形下沉，将谷底暖空气上挤，形成上暖下冷的现象。

通常，山地逆温出现的频率与天气条件及季节有关，一般而言，云量愈少、风速愈小、地面愈干燥，逆温出现的频率愈大，冬季比夏季常见。

地形逆温的出现，对于所在地区的烟尘、气体扩散是极其不利的，因此，我们尤其应对山地工业建筑的布局持谨慎态度。如果实际情况要求工业建筑与居住建筑同在一个山谷、盆地中，那么我们必须对工厂布局和烟囱高度的设置详加考虑，使工厂的烟囱建在盛行风的下风向，其高度超过该地区逆温层的高度。例如，美国的密契尔电厂，位于200 m高的山地之中，其装机容量为1.6×10^6 kW，燃料中含硫4%。为了不对居住区产生污染，最后，通过风洞试验，电厂把烟囱高度设置为368 m。

（三）降水

山地区域的降水量一般要比平地的大，这主要与山地的海拔有关。随着海拔的升高，气温逐渐降低，山地“地形雨”发生的概率就越来越大。

地形雨是一种具有明显特征的山地天气现象。当湿热空气在运动中遇到山岭障碍时，气流就会沿着山坡上升，而气流中的水汽升得越高，就受冷越大，并逐渐凝结成云而形成地形雨。但是，气流越过了山顶之后就会沿山坡下降，空气渐暖，降雨就减少了。地形雨多降落在山坡的迎风面，而且往往发生在固定的地方。例如，在我国的秦岭、太行等山脉，迎风的东南面多雨，背风的西北面则少雨。

目前，国内外的气象资料已经证实，在通常情况下，某个地区的年降雨量与该处的海拔成线性增长关系，即地势较高的山区雨水较多（俗语称为“高山多雨”）。

四、水文

在山地生态系统中，“水循环”的起始来源于自然界的降水或冰雪融化，它们到达地面以后，一部分被地表吸收，形成下渗，一部分被蒸发，还有一部分则会充填地表小沟和洼地，或溢出洼地形成地表径流。其中下渗的水分部分被土壤和植被所截流，部分形成地下径流和壤中流。不适当的地表径流、地下径流或壤中流对山地建筑具有不良影响。例如，集中的、激增的地表径流会引发山洪，过量的地下径流会导致滑坡的产生。

为了避免水文对山地建筑的不利影响，我们应对基地区域的排水路径、排水方式进行合理的引导和组织，并采取积极的水土保持措施，从根本上加强对山地环境的水文控制。当然，山地建筑的水文处理还应该兼顾自然地形与建筑形态的结合，我们应合理地利用山地冲沟，组织群体建筑的布局。

五、植被

在山地环境中，植被状况是山地生态环境的直接反映，植被是山地景观的主体内容。

作为山地生态系统的组成元素，植被的分布与组合体现了生态环境的差异，它们对山地建筑的影响是隐性的，常常通过生态系统的整体调控作用对山地建筑的生存环境产生一定影响。

从山地景观组织的角度来看，植被又是极其生动的景观客体，它们常常决定了山地景观的基调。因此，根据景观体验的需要，我们应在建筑群体布局、空间组织上对地基要素采取适当的取舍，对有较高景观价值的露头岩、植物等加以保留，并把它们有机地组织到建筑中去。

第二节　山地建筑的形态

一、概述

“形态”在汉语里原是绘画艺术上的用语，意为“形状和神态”，是对物体形象、体态等的描述。例如，张彦远的《历代名画记》卷九中有：“尤善鹰鹘鸡雉，尽其形态。”在英文里，“形态（morphology）”一词来源于生物学，它反映了生物组织的结构和形式，是与生理学、胚胎学密切相关的一个概念。当然，在今天，不同来源的“形态”概念有了比较一致的引申意义，即形态是事物在一定条件下的表现形式和组成关系。

也许是巧合，“形态”一词的不同渊源对于我们完整地把握建筑学意义上的形态概念是极其有益的。从东方的“形态”含义中，我们可以体会出“形态”的感性一面，即把客观存在的事物当作一种造型对象，较多地从审美的角度去把握事物的存在方式；从西方的“形态”含义中，我们可以看出“形态”的理性一面，即从组织结构、逻辑关系的角度去探索客观事物的组成关系。

因此，在我们看来，建筑形态是一个含义丰富的概念，它既是对造型对象的描述，又是对建筑客体内在逻辑关系的反映。为了把握建筑的造型特征，我们需要研究建筑的形式美，这是建筑学一贯提倡和追求的，已经被我们所熟知。为了把握建筑的逻辑关系与组织结构，我们可以借鉴生物学中的“形态发生”概念，以理性、缜密的思维方式来创造形态，这是我们在以往的研究中所常常忽略的。

在生物学中，形态研究的主要内容是事物的外形与内在结构的关系。其主要观点包括各种生物都有其自身的胚性组织，外形与胚性组织相一致；生物的“源”与“功”的问题，其中“源”指生物由遗传而得来的组织结构，“功”指生物在环境中的作用和功能，“源”决定了“功”，“功”又能促使“源”的改变。

以生物形态学的眼光来看待建筑形态，我们可以发现建筑形态与生物形态有着极其相似的特点，建筑形态所体现的是建筑的外在形式与内在组织结构的统一，其中建筑的组织结构犹如生物的胚性组织，既体现其内在属性(即“源”)，又表现出对环境的反应（即“功”），是“遗传”与“进化”的统一体；而不同程度的“遗传”“进化”基因的组合就构成了千变万化的外在形式。

于是，我们认为，建筑的外在形式和内在组织结构构成了建筑形态的基本内涵，它们缺一不可，相辅相成。注重形式美和组织结构的逻辑合理性是把握建筑形态的两个基本途径。

然而，要创造活生生的建筑形态，我们还需明确形成建筑形态的主体对象，因为它们是形态内涵的载体，是建筑形态赖以产生的客观存在。

诺伯格·舒尔茨在其《住居之概念》一书中指出：“建筑语言包括三个互相关联的组成部分：构筑成的形式、被组织的空间和建筑类型，对这三者的研究可分别称为形态学、拓扑学和类型学。”显然，诺伯格·舒尔茨将建筑的实体部分归入形态学的研究范畴，而将建筑空间组织的研究归入拓扑学。与之不同的是，在我国，一些学者习惯于把建筑形式和空间组织看成一个整体，把建筑的实体部分和空间组织看成构成形态的有机统一体。

比较以上两种说法，我们不难发现，对应于我们所限定的建筑形态内涵，后一种说法更为全面。因为，就建筑形态而言，其外在表现多变且依赖于构筑而成的实体，而其内部组织结构则多受建筑空间布局的制约。如果撇开了对空间因素的探讨，讨论建筑内部组织结构的逻辑关系就会变得非常困难，建筑的实体形式在很大程度上就成了无本之源，要全面地把握建筑的形式美与内在组织结构也将会显得不太现实。因此，我们认为，构成建筑形态的客观主体应该包括建筑的实体与空间，它们是同时产生、互为目的的。

通过对建筑形态内涵的分析，我们知道，建筑形态的产生既体现了其内在属性，又反映了外部环境的影响，即建筑形态应该包括实体形态与空间形态两个不可分割的部分。对于山地建筑而言，山地——这一特殊的建筑外部环境对建筑形态造成了巨大的影响。在建筑形态的产生过程中，环境的作用非常明显。为了克服地形高差及由此而带来的其他影响，建筑的实体形态与空间形态都会产生相应的变化。

二、山地建筑的形态特征

山地建筑的形态特征，取决于山地建筑所赖以生存的山地环境。山地的坡度、山位、山势、自然肌理等是构成山体形态的主要因素。它们对山地建筑的接地形式、形体表现和空间形态的作用各不相同。为了保护地貌，尽量保持地表的原有地形和植被，我们提倡建筑采取“减少接地”的接地形式；为了合理地利用地形高差和山位，我们提倡建筑运用“不定基面”的原理，以形成有山地特色的空间定位形式。

（一）减少接地

山地建筑位于山地环境中，首先面对的是如何生存的问题，即解决结构问题，以提供人们所需的活动空间。要达到以上的目的，建筑免不了要与山体地表发生关系。因为，所有的建筑荷载到最后总要传递到地面，而建筑的结构受力体系也决定了建筑获得水平层面的可能性与方式。

为了在起伏、倾斜的山地环境中合理选择建筑的接地方式，以使建筑的结构形式和空间得到兼顾，不同地域、不同时代的人们进行了不断的尝试和创造。

山地环境与平地环境不同，其生态的敏感性特别强，对于生态系统的变动做出的反应远比平地系统大得多。脆弱的山地生态系统常常发生山体崩塌、滑坡、泥石流和水土流失等灾害。这种敏感性使人们长期以来从众多的教训中获得经验：建设时尽量少破坏山体，少破坏植被，少变动水文状况，力求保护地貌。虽然，与古代人们相比，现代人类的科学技术水平空前提高，已具有了“移山倒海”的能力，但是，人们还是愈来愈认识到保护地貌的必要性，为此，人们在山地建设时仍尽量采取减少接地的做法。

长期以来，我国山区匠人运用的都是“借天不借地”的方式，我国的西南山区和东南沿海丘陵地区分别形成了干栏、吊脚、悬挑等建筑形式。在现代建筑中，人们更自觉地维护自然地貌和保护山林景观，山地建筑少接地的特征更多地得到表现。

（二）不定基面

“不定基面”是山地建筑所具有的基本形态特征。山地建筑“不定基面”特性的存在，主要是由于山地环境中地形的坡起，基地的表面一般都崎岖不平，这就为建筑的底面设置带来了极大的困难。许多山地建筑不得不采取“天平地不平”的做法，以错层、掉层、吊脚等形式与山体地表发生关系，人们根据坡度的陡缓、跨越等高线的数量来调节山地建筑的底面，从而产生了高低变化、参差错落的不平底面。

然而，陡峭的山体地形虽然限制了山地建筑在水平方向的延伸自由度，却为建筑在垂直方向的组合创造了有利的条件。人们可以在同一幢建筑中设置不同水平标高的入口，使建筑具有数个“基面”，这为建筑功能流线的组织提供了方便，使住宅建筑的层数增加成为可能。因此，“不定基面”又给山地建筑的形成带来了独特的有利条件。

对于山地建筑设计来说，“不定基面”为建筑层面的标注带来了一定的困难。如果按平地建筑的标注法，以底面作为第一层，则对人的行为识别带来一定困难。

第三节　山地建筑与景观

“景观”一词最早来源于自然地理学，一般泛指地表自然景色。从景观一词的英文含义来看，景观又可解释为地表空间的景物、景象或风景。

要全面理解景观，必须从认知的客体和主体两方面考虑，我们既要分析景观的实体要素，又要研究景观的意象要素。

景观的客观实体是构成景观的物质组成，它的形成受自然界与人类活动的影响，充分体现了自然界的能量转化和生态平衡规律。对于景观的客观实体，人们最初仅把它局限于人类感知觉所能感受的范围，如树林、水域、起伏地形、建筑、街道、开放空间等，而忽略了构成自然环境的其他要素。

景观的主观意象则是人类凭感官获得的一种心理意象，是客观实体在人们意识中的反映，是人类审美心理活动的结果。人类的认知过程对于景观的形成是极其重要的。认知指人们接收信息、储存信息时涉及的一切心理活动，如感知、回忆、思维、学习等。不同的认知角度、不同的心理状态与社会背景都会造成认知意象的差异。传统意义上的专家学派关注感知觉在景观认知中的作用，他们认为视觉要素（线、形、色、质）是形成景观美感的根本；心理学派则认为外界的刺激是多方面的，有形态的因素，也有许多非形态的因素，如声音、光线、天气等物理因子；认知学派以环境场论、信息接收理论为依据，强调人们对三维空间的感受；而经验学派却致力于对人的个性及其文化、历史背景、情趣意志进行研究，把景观认知与人类情感、社会文化结合在一起。从建筑学角度看，我们把景观的认知意象分为视觉意象、空间意象和情感意象三个主要方面。

一、山地景观的特点

山地是一种具有鲜明特征的自然地带，其景观意义很早就被人类所认识。在我国古代，山水诗、山水游记、山水画的发展长盛不衰，“山水”成了风景、景观的代名词。孔子的“智者乐水、仁者乐山”也表明，作为人类审美对象的自然山水已经与人类情感融为了一体。在西方，以休闲、度假为主的建筑也多建于山地环境之中。例如，中世纪古罗马的贵族就喜爱在郊外的坡地上建别墅，阿尔伯蒂曾主张别墅建在山坡的一定高度之上，体形开敞，以便于观景。在近代，欧洲的许多旅游胜地就位于山地环境之中，如瑞士的阿尔卑斯山麓就是一个景色如画的度假中心。

山地场所的景观意义之所以会如此明显，原因是多方面的。首先，作为景观实体的山地环境，具有较大程度的原生性和独特性。因为，一方面，相对于平坦地区而言，山地区域受人类活动的影响较小，大部分地区的原生环境还没有被破坏；另一方面，山地地形、地肌的丰富变化也使山地景观具有独特的视觉特征。当然，由于地表坡度的变化，山地区域的生态环境是比较脆弱的，景观实体的保持还有赖于生态系统的整体稳定与协调。其次，从景观意象的产生过程来看，人们对山地环境的知觉感受、情感交流已经具有了一定的基础，对山地的空间领悟、文化认识、感情体验已经形成了一定的认同感，这些使山地景观的认知过程与认知方法包含了丰富的内容。

我们一般把山地景观的特点归结为环境原生性、视景独特性和生态脆弱性。

（一）环境原生性

原生性指自然界在没有受到人类干扰情况下而保持的一些特性。就目前状况而言，人们对山地区域的开发程度还远远落后于平原地区，因此山地还是一个具有较强原生性的环境区域。资料显示，在地理的垂直方向，世界人口分布的总趋势是人口密度随着海拔的提高而降低。例如，世界人口的56%集中于海拔200 m以下的地区，其中大洋洲和欧洲更分别达到73%和69%，而生活在海拔2000 m以上的人口只占1.5%。

1. 生态系统的原生性

在山地区域中，对山地生态系统具有影响的主要是植被、水体、土壤、动物、气候及地质变动等。其中，气候和地质变动是外界对生态系统的作用，而植被、水体（包括地表水和地下水）、土壤、动物是生态系统的组成部分。在一定的外界影响因素作用下，由上述诸元素组成的生态系统是一个相对闭合的循环体系。各个元素之间都互为因果，通过“废料—原料”的方式进行流通循环，生态链中每一部分的废料成为下一环节的原料，形成了首尾相接、无废无污、高效和谐的良性循环系统。

2. 视觉客体的原生性

山地是自然力的产物，因此其视觉形象也表现出明显的自然韵味。例如，在冰川作用影响下的我国西部山区，山体高大，多深邃的峡谷、尖削的峰峦、陡峭的岩坡；在以黄土地貌为主的黄土高原，多黄土塬、梁，地势平缓，但常有切削极深的沟壑；在我国的东北地区，冬季漫长，水体流动缓慢，山体湿气很重，山坡多被植被覆盖，悬崖、石岩较少；而在我国西北部的戈壁地区，到处是光秃秃的山峰与山脊，只有小草和小灌木生长在岩石裂缝中。

（二）视景独特性

山地景观区别于非山地景观最明显的特征在于地形的起伏。地形的高低变化赋予了山地景观极具独特性的意味。与平坦地区不同，山地区域地表的隆起使地表的物质构成成为视觉景观的主要组成部分，景观的背景轮廓也多由山体的丰富轮廓线构成，植被也会因地形变化而显得高低错落。此外，地形的高差还大大丰富了人们的视觉感受，人们可以仰视、鸟瞰或远眺，视角和视域的变化程度非常大，这是人们在平原地区的自然环境中所难以体验的。

（三）生态脆弱性

在前面的叙述中，我们知道山地生态系统受到植被、水体、土壤、动物、气候及地质变化等因素的影响。其中任何一个因素的变化均能对其他因素造成影响，进而改变整个区域的生态环境，使景观客体发生变化。而当某个因素的变化情况超出了生态系统的自身修复能力后，生态环境的恶化就不可避免了。

二、山地建筑与景观

前面我们着重探讨了山地自然景观的特点。然而，完整意义上的山地景观应该包括自然景观与人为环境，其中最主要的人为环境即山地建筑。

山地建筑与山地景观的关系是一个既简单而又复杂的问题。我们知道，尊重自然、遵守生态规律是使山地建筑与山地景观协调发展的根本，这是一个明确而简单的原则。然而，我们研究景观，又离不开一定的美学标准和文化背景，并且，现代社会需求与现代工程手段又常要求我们对山地自然环境做较大的改动，因此，如何在具体问题的处理上体现科学的自然观与合理的生态观，是我们面临的复杂问题。

（一）山地建筑——山地景观的组成部分

山地建筑，作为人类在山地区域活动的一种物质存在，具有明显的景观意义。例如，赖特的“落水别墅”结合环境，宛如长于自然山石之中；颐和园万寿山上的佛香阁建筑群端庄秀丽、统领全园；西藏的布达拉宫雄踞山顶、威严庄重；背山面水的湘西小镇则参差错落、蜿蜒有致，如一幅山水国画长卷……然而，由山地建筑而形成的人为景观毕竟不能包含山地景观的全部意义。对于山地景观而言，山地建筑只是形成山地景观的一个有机组成部分。

（二）景观与观景

在山地环境中，山地建筑具有双重的身份。一方面，它点缀或强化了山地自然景观，其本身成了山地景观的组成部分；另一方面，山地建筑作为人们在山地区域中的驻留地，常常为人们提供较佳的观景条件，是人们的观景点。因此，理想的山地建筑必须兼具景观和观景的意义。例如，重庆鹅岭的两江楼地处市中区枇杷山公园的山脊，是城市自然轮廓线上的制高点，它既点缀了山地轮廓线，又是人们登高俯瞰山城的好地方；又如，杭州西泠印社是一座位于孤山之巅的山顶庭园，园中建筑各抱地势、互为取景，形成了参差错落的景观格局，而位于南端的“四照阁”则临崖而筑，可供人们凭栏俯视西湖，享受开阔的视野。

第四节　山地建筑与交通

交通是帮助人们实现相互联系的基本物质手段之一，它构成了建筑及建筑群体之间的外部联系，是使建筑具有可使用性的必要保障。有了可靠的交通，人们才能将各幢建筑组成一个有机联系的统一体，并使之融入人类的社会生活之中。而交通的不便利，将使人们的活动面临极大的制约，使人类的生存空间受到压制。

交通的形成有赖于各种不同的交通工具及其各自所需的物质保障，如汽车与道路、火车与铁轨、缆车与索道……并且，在大多数情况下，交通手段的选择是与一定的人类物质财富和自然资源（如土地）相匹配的，因此，在山地环境中选择适当的交通手段是极其重要的。此外，人们还要求交通具有便捷、舒适和美观的特征。于是，我们对交通的效率与景观问题必须同时给予关注。

在山地环境中，特殊的地理条件既给山地交通的发展带来了很大的困难，也为山地交通带来了独特的个性。山地交通往往具有两方面作用：建立联系和完善室外空间。

在山地环境中，交通的首要作用是帮助人们在各山地建筑之间建立联系，它可以表现为道路、台阶、坡道、电梯、缆车等不同的形式，以满足人们不同运动方式（如车行、步行等）的需要。

从功能需求出发，山地交通必须满足人流、货流的有序进出，停车场地的妥善安排，消防通道的畅通等。对于建筑群体的组织来说，山地交通必须根据流量的大小、需求速度的快慢设置不同级别的道路。

然而，由于山地环境的制约，山地交通的组织要比平地交通困难得多。首先，因为地形的坡起，人们实现竖向联系的需求和频率大大增加了，这无论是对车行交通还是对步行交通，都增添了不利的因素。为了达到爬坡的目的，车行路往往会因地形的曲折、车辆爬坡能力的限制，而增加线路的长度，使山地车行交通的效率大打折扣；步行路则会包含许多台阶或坡道，消耗了人们更多的体力和时间。其次，起伏的地形、局促有限的平地，还常常使较高等级道路及停车场的设置缺乏用地，车辆会车、回车缺少足够的空间。

同时，交通并不只是山地空间联系的通道，在某种条件下它还能结合功能空间而存在。在这种情况下，交通空间与山地建筑融为一体，是具有一定物质功能和精神功能的空间场所，具有含混、多重的空间含义。例如，意大利的西班牙大台阶，它既是联结西班牙广场和三一广场之间的交通空间，又是市民休闲、交往的公共活动空间；查尔斯·柯里亚（印度）设计的印度国立免疫学研究所专家住宅，其室外中庭充分利用了高差，既是人们的交通空间，又是一个浑然天成的室外表演场。一般而言，以完善室外空间为特征的交通空间多为人们的步行交通系统。

一、山地交通的特点

在山地区域，人们所面临的最突出问题是地形的变化。由于地形的起伏，各建筑单体或群体之间的位置在高差上常会发生变化，因此，山地交通的空间轨迹呈现出明显的三维特征；由于地形的起伏，人们在实现交通活动的过程中常会感受到因地表凹凸而形成的景观，于是，山地交通又具有独特的景观特征。由于地形的起伏，常规的交通方式（车行、步行）常会受到限制，一些适合山地环境的特殊交通工具（如缆车、索道等）应运而生，所以，山地交通还体现了交通方式的多样性。

（一）立体化

与平地交通不同，要实现山地空间之间的交通联系，除了要考虑它们的水平位移以外，还需特别考虑它们在竖直方向的位移，使山地交通呈现出立体化的特点。交通的立体化会使我们在经济技术等方面遭遇比平面交通大得多的障碍，对土地资源的消耗与破坏也更严重，但是，立体化也可为山地交通带来平面交通所无法比拟的便利。例如，在重庆，峰岭沟谷的山城地形为建立不同形式的立体交通体系提供了得天独厚的条件，在江河两岸可以架设载人索道，在峰峦之间可以建造分流高桥，在山地斜坡可以使用缆车。这种“立交”体系的优势和潜力，平地城市是无法实现的。对于山地建筑来说，立体化的交通将为建筑组群的功能及形态组织提供更多的可能，从而使建筑的复杂流线得到更好的立体分流组织。

（二）景观化

在山地环境中，由于交通的三维特征，人们在途中获得的视景比在平地的显著，而且不断发生变化。随着道路的升降、曲折，人们的视点高低、视角俯仰、视域开合都会发生较大的变化，这会为人们带来富有情趣的景观感受，使人们感觉置身于风景之中，而不像在平地，任何景物都只是在人们身旁一闪而过。

（三）多样化

山地地形的凹凸起伏，成为常规交通的障碍，人们出行不得不运用多样化的交通方式，如坡道、架空道、隧道、索道、缆车等。意大利的热亚那既拥有一条沿等高线铺设的环山干道，又设有 900 m 长的齿轨铁路、两条缆索铁路及四台升降式交通工具；在瑞士，阿尔卑斯山周围的风景区内的登山交通更是多种多样，其中有专用爬山火车线路（50 多条）、缆车线路（400 多条），以及滑雪电动缆车吊梯。

二、山地车行交通

现代社会山地车行交通是联结山地建筑及其群体的主要方法。当然，在某些情况下，车行道只需通到建筑群体中的入口，其余的交通联系由步行系统和其他交通工具解决。由于山地地形的起伏多变，山地车行系统在纵坡设置、道路布线、截面处理及停车场地的设置等方面均有其特殊之处。

（一）纵坡设置

在山地环境中，车行交通经常面对的是爬坡，因此，我们应首先对山地车行道路的纵坡设计有所了解。

山地道路的纵坡不宜太大，坡段也不宜太长。因为，汽车沿陡坡上行时，其发动机牵引力增大、车速降低，若陡坡过长会使水箱中的水沸腾、产生气阻，致使机件过快磨损，驾驶条件恶化；同样，汽车沿陡坡下行时，由于频频使用制动器减速，汽车驾驶性能减退，严重时刹车部件会因过热而出现失灵现象，从而引发交通事故。

（二）道路布线

在山地区域，车行道路的布线通常是复杂的问题。既要使不同标高的建筑或建筑组群实现功能联系，又要满足车行交通的爬坡、转弯等技术指标，人们很难自主地选择道路线型。在通常的情况下，道路的布线只能顺应地形，沿等高线蜿蜒曲折。在平地常见的直线型道路在山地建设会碰到很多困难，因为这需要运用隧道、开山、架空或架桥等手段，增加工程量，增加投资。山地道路的布线应该因地制宜，充分考虑与地形、建筑的结合。

（三）道路截面

在通常情况下，山地车行道路的截面有路堤、路堑和半挖半填式等几种形式，在某些情况下还可以局部采用架空、悬挑或隧道等手段。在实际工程中，架空、悬挑或隧道等手段对经济及技术的要求较高，但是它们更能适应陡峭的地形，而且能增加趣味特色。

（四）停车场地的设置

随着车行交通的发展、车辆数目的增长，停车场地的设置是山地建筑所面临的重大问题。由于平坦用地的缺乏，山地停车场面临着可使用面积不足的困难；同时，作为山地环境中的人为空间，山地停车场还需考虑与山地自然景观的结合，以尽量避免其与山地原有环境的不协调。

第五节　山地建筑与工程技术

山地建筑是一门艺术，它同时也具有较强的技术特性。研究山地建筑的形态、景观、交通等，对于山地建筑的功能要求和艺术特性是至关重要的。然而，要使以上的各方面要求得以实现，我们还需研究山地建筑的工程技术问题。

一、山地工程技术的要求

山地建筑区别于平地建筑的最大之处是各自所处的环境不同。从宏观环境的角度看，山地区域的地层岩性复杂、地形高差变化大、自然生态系统格外敏感，任何自然条件的变迁或人为因素的介入都会加剧和放大生态系统的失衡，是一个自然灾害相对多发的地带。从微观环境的角度来看，由于山地建筑布局及其接地形态的多样性，山地建筑及其周边环境的结构稳定性面临着极大的挑战；此外，地形的起伏多变也使我们在处理规模较大、功能空间和配套技术设施较复杂的建筑问题方面遇到了较大的困难。

（一）防灾

在山地环境中，地形的升降使山体具有了天然的势能，山体地表的各种物质都保持了一定的运动趋势，其受地质活动和自然环境变迁的影响就更大，发生灾害的可能性也大大增强了。例如，我国四川盆地周围的“盆周山地”区域，山体高大，河谷深邃，地层岩性复杂，是一个山崩、滑坡的频发地区。

（二）结构稳定

从山地微观环境的角度来看，要维持建筑及其周围环境的结构稳定性，山地建筑比平地建筑有更大的困难。一方面，被开发为建筑用地的山地区域多为硬地和裸地，地表的储水率、渗透率、蒸发率减少很多，雨水落于地面大多直接变为径流，其对建筑基地的冲蚀作用很大；另一方面，在建筑、道路的基础挖、填方过程中，常会破坏山坡的基脚，这会使上部山体失去支撑，形成坍塌。为了防止因水文状况紊乱而导致的环境破坏，维护山体边坡的稳定，我们必须采取一定的措施，如进行适当的水文组织、修建挡土墙、进行边坡绿化、采取有效的防水措施等。这些都需要我们有科学的、有效的工程技术手段。

（三）技术设施的满足

山地建筑位于山地环境中，其水平方向的延伸常会受地形的制约，竖向发展又会与不同标高的地表发生联系，这就为建筑技术设备的设置带来了较大的困难。为了满足设备功能的要求，设备用房的设置、设备管线的组织是必须考虑的。

二、山地工程技术的特点

对于山地建筑的防灾、结构稳定和技术设施的满足等诸项要求，我们需要借助地质学、力学、水文学等各相关学科的知识来进行分析，掌握各种工程技术手段的运用。然而，了解各专业工程技术手段并不是我们的全部目标，仅仅靠纯工程技术的运用并不能使山地建筑获得理想的效果。科学的山地工程技术应该符合山地建筑的生态观，强调工程技术与生态学、美学相结合。

山地工程技术的内在取向——生态观念的体现：山地工程技术的内在取向源于对山地建筑的防灾、结构稳定及满足技术设施要求的深入分析。

（一）山地灾害与生态系统的平衡

从地质学、水文学、生态学的角度来看，山地灾害的产生，一方面源于宏观环境的地质活动，另一方面源于微观环境的变迁。其中，山地宏观环境的地质活动具有一定的不可避免性，而山地微观环境的变迁则与山地生态系统有关。

通过对山地生态系统的分析，我们知道，系统的平衡与地质、地形、气候、水文和植被有关，它们之间相互作用、互为因果，具有系统的整体性。其中，大规模的人工开发与植被破坏对山地生态系统的影响尤其严重，它改变了山地水文状况，使山地地表的径流集流时间缩短、土壤冲蚀量加大，从而导致水土流失严重。

从生态系统与地质结构两方面考虑，我们能找出各类山地灾害的具体成因。如滑坡，它的产生原因可能是自然环境的变迁而形成的层理面的滑动，也可能是人为破坏、地下水侵蚀、水土失衡；而山地水灾的成因则往往是山体生态系统恶化而引起的地表排水系统不畅或严重水土流失，当然，其直接的催化原因常常是雨量的突然增加。

例如，位于我国四川盆地周围的“盆周山地”区域山崩、滑坡频发，其中既有地层岩性复杂、地质构造抬升活动剧烈等自然因素的影响，也有人为因素的影响。1960 年以后，由于“二线建设”大军的进入，铁路、公路、水力设施的大规模建设和小矿山开采失控，该地区的气候变化异常，进入了一个新的地灾活跃期，灾害现象加剧。又如，洛杉矶的“新年水灾”，在它发生前，该地区正面临着因滥伐森林、过度放牧而引起的植被损失和水土流失，并经受了一场大规模的火灾，这场大火使流域内近 195 km^2 的森林被烧毁。

由于山地的地质活动具有一定的不可避免性，我们应该加强预见性研究，使建筑避开地区性的断层区和新生的活动断层地带，以规避地质灾害的影响。对于自然环境的变迁，我们应从生态平衡的角度去考虑，尽量利用水土保持的手段，控制自然环境的稳定，因为一些大规模山地灾害的起因往往是无数次小范围的环境变化。

（二）结构稳定与生态原则的应用

为了维护山地建筑及其周围微观环境的结构稳定，我们需要谨慎地选择建筑本身的结构形式和遵循山体边坡防护原则。

对于建筑结构形式的确定，我们应从山地地质、地形出发，根据不同地质的承受能力和地形的陡、缓选择合适的基础形式。由于山地建筑的基础形式往往决定了山地建筑的接地形态，以及建筑对山地地形的改动程度，因此，在确定山地建筑的结构形式时，我们既要从地质、建筑结构等方面去考虑，也要注意对自然生态的保护。

对于山体边坡的防护，我们应有整体的观念，从生态防护和工程防护两方面去考虑，尽量减小或缓解山体地表的运动势能。由于山体地表势能的大小往往取决于山体的坡度、高度和地表附着力，而山体的坡度、高度往往较难改变，因此我们应尽量注意保持山体地表的附着力。

影响山体地表附着力的因素可以是降雨、降雪、寒暑变化、风等自然因素，也可以是不适当的人工开发、植被破坏等人为因素，它们或者改变了原来环境的受力情况，影响了山地环境的力学平衡，或者改变了山地地肌。因此，为了保持边坡稳定，我们一方面应加强水土保持，减少人为因素对环境的破坏；另一方面应采取适当的工程技术措施，合理地组织水文，对有隐患的边坡进行结构加固，并注意建筑及挡土墙的防水性。

（三）技术设施与环境协调的可能

山地建筑的技术设施主要指建筑的设备用房和工程管网。其中，工程管网包括建筑的给排水管线、暖通管线和电气管线等，它们与各类设备一起满足了建筑的技术机能。受山地地形、山位、坡度的影响，山地工程管网及其设备用房的设置有较大的困难。例如，由于地形的曲折变化，山地建筑布局不规则，人们很难以直线的方式来连接各类管线。对于给排水管网的设计，人们需考虑山位变化，针对坡顶、坡中、坡底等不同地段采取不同的处理手段。管网的分布应充分结合地形，既可利用自然地形的天然坡度导水，又要注意因坡度太陡，水流流速太大对管线的冲蚀。

为了满足山地工程管线铺设的需要，简单的做法是采取工程的手段，或者对山地地形进行一定的改动，让地形适应管线的走向、坡度，或者让管线架空，使之克服地形的障碍。显然，一味地改动地形必然会造成对自然地形和植被的改变，而一味地让管线架空，则会对山地景观产生影响。

随着技术水平与人们环境意识的提高，人们在山地工程设备的设置方面有了更多的办法：为了尽量避免对山地地表的破坏，我们可以相对集中设备管线，将其埋于地下或建筑连廊之下的共同沟中。

第六节　山地建筑结构设计基本知识

一、山地建筑结构设计主要形式

山地建筑结构设计的主要形式包括掉层结构、吊脚结构、附崖结构、连崖结构等。在山地建筑结构设计之中，掉层结构和吊脚结构是较常见的，也是应用最广的山地建筑结构形式。山地建筑的结构形式应有效地结合山地的地形以及当地的水文地质条件，以提升山地建筑的设计质量。

（一）山地建筑掉层结构设计要点研究

山地建筑掉层结构设计要点，主要包括掉层结构之中对于边坡部分的设计，支护结构和主体的分开与连接，以及掉层结构的抗震设计。在掉层结构边坡部分的结构设计上，我们要采用多种边坡支护的形式来应对山地结构自身的不规则性。在设计建筑方案时，建筑设计人员要能够充分考虑结构的设计和布置。在实现支护结构与主体分开时，工程设计人员要考虑在山地建筑的地下室填埋深度不同时，设置专门的支挡结构，另外他们也要能够在不同的掉层段根据不同的高度选用适合的支护结构形式。在一些高度较小的掉层段，工程设计人员可采用自然放坡的方式。在一些高度较大的掉层段，工程设计人员可采用设置专门的挡土墙的方式。采用不同的支护结构形式，能够实现对山地建筑边坡地区的结构控制。

在进行支护结构与主体连接设计时，工程设计人员需要将边坡和结构设计的挡土墙相互结合，从而加固建筑的上下接地端。在进行掉层结构抗震设计时，工程设计人员需要先进行抗震建筑概念设计，并通过建筑抗震计算以及对建筑抗震构造的研究来提升山地建筑的抗震性能。

（二）山地建筑吊脚结构设计要点研究

山地建筑吊脚结构设计要点，主要包括山地建筑之中边坡结构设计和抗震设计。在进行山地建筑吊脚结构设计时，建筑设计人员要综合考虑建筑的所处地形，要全面考虑建筑工程的稳定性以及动力稳定性，要详细地、有效地研究建筑所处地区的地质情况，能够在重要的结构地区进行单独的结构设计，采取专门的防护措施。在进行吊脚结构抗震设计时，工程设计人员要采用专门的措施来提升建筑的核心部件性能。现实中可能出现整体结构扭转的建筑，工程设计人员要采用刚度变化较小的建筑材料来提升建筑的结构水平。工程设计人员要加强山地建筑吊脚部分的顶层和上层结构的设计，通过提升上层结构和顶层结构的刚度来提高整体建筑的抗震性能。

二、山地建筑项目设计要点

山地建筑项目设计要点，主要包括山地建筑整体布局设计、山地建筑功能区结构设计等。工程设计人员在进行山地建筑的工程设计时，要把握整体布局的结构特点，在山地建筑功能区的设计上应尽量满足用户需求，考虑结构的合理性和最终抗震性能，从而保证山地建筑的工程质量，达到最佳的设计效果。

（一）山地建筑整体布局设计要点

在进行山地建筑整体布局设计时，工程设计人员要综合考虑关系山地建筑整体布局的影响因素，要在建筑的允许设计密度上，对建筑的容积率和山地的地形情况进行反复研究，研究出专门的山地建筑工程整体布局。工程设计人员首先要考虑的是建筑所处地区的地形、地势特点，采用最合适的设计模式。在不同的建筑区域，工程设计人员要在楼层的高度和走向上进行专门的设计，在满足建筑使用者的生活需求之外，提升建筑的整体艺术水平。除此之外，工程设计人员还要考虑山地建筑的景观效应，采用能够提升居民视野的建筑设计方式。

（二）山地建筑功能区结构设计要点

在进行山地建筑功能区结构设计时，工程设计人员要在设计图纸上体现山地建筑的特性。山地建筑的功能区设计和传统的建筑设计有很多的不同之处，这主要是由山地建筑的特性决定的。山地建筑的地表形态与山地建筑的建筑结构有直接的关系。在不同的地形条件下，工程设计人员要采用不同的建筑接地形式。在进行山地建筑功能区结构设计时，工程设计人员要对山地地区的生态环境保护进行严格的数据分析。

第二章　山地建筑结构设计分析

第一节　山地建筑结构设计误区

一、山地建筑结构设计中的主要误区分析

山地建筑结构设计存在的问题主要有总图布置、场地平整时，挖方及爆破工程量太大，容易引发山体滑坡，增加工程投资，不利于环境保护。山地建设工程的总体规划，应根据使用要求、地形地质条件合理设计。主体建筑宜设置在较好的地基上，使地基条件与上部结构相适应。在山区或丘陵地区，为减少土方和地基处理，房屋宜沿等高线布置。房屋建在半填半挖或不同土层上时，应采取有效防护措施。当上部结构基础兼作挡土墙时，人们应考虑静止土压力增大和坡地地震的影响。

选用扩展基础或筏板基础，若未根据岩石顶面标高区分各基础的底面标高，则埋置较深，开挖工程量较大，同时部分结构计算高度加大。

岩石地基的柱下独立基础均设置拉梁及托墙梁。实际上岩质地基上的高层建筑，当满足抗滑、抗倾覆要求时可不设地下室。当岩石露头时，独立柱基、桩基可不设拉梁。

岩石地基基础房屋仍设置沉降观测点。实际上岩质地基的最终变形量可认为在建筑物施工期间已全部完成，一般不进行变形验算。

二、山地建筑结构抗震设计中的误区

一般山地建筑结构的抗震设计通过概念设计、计算和抗震构造措施三个层次来实现。概念设计是对结构整体抗震性能的总体把控，通常通过控制结构高

度和高宽比、建筑结构的平面和竖向规则性等方面来实现。其中平面和竖向规则性具体通过控制结构刚度比、强度比、扭转效应等指标来实现。而实际计算这些指标的时候存在两个问题：一是指标如何按实际计算；二是这些指标是否适应山地建筑。目前，人们对这些指标的控制更多的是基于常规地形情况下的，而对于山地建筑的特殊性考虑不足。那么，基于常规地形的建筑控制指标，通过山地建筑结构特点来加以修正就显得很有必要了。

（一）抗震概念设计中的问题

结构高度界定中的起算点如何确定，是取最高接地点还是最低接地点？有的地区住宅规范拟定从较低一侧的室外地面起算，这一点相对常规地形的建筑来讲是从严要求的，实际中很多的工程也都基本采用该规范。

实际上，从较低一侧室外地面起算到主要屋面的高度作为建筑高度的界定中应加入补充限值条件：不大于主要竖向构件的实际高度（含其上部的被托换构件高度）为宜。

结构嵌固端该如何合理选取，对于山地建筑结构，底部约束不在同一水平面是其独特特点，故嵌固点也应该按实际选取在不同高度。但嵌固端该定在上嵌固点还是下嵌固点，相关条文规定：带地下室的多层和高层建筑，当地下室的刚度和受剪承载力比上部楼层的相对较大时，地下室顶板可视为嵌固端，地震作用下的屈服部位将在地上楼层。由此我们可以看出，嵌固端指在强度上的嵌固端，嵌固端选上接地位置时，下部结构与上部结构对应部分的侧向刚度比值 ≥ 2。

但仅控制刚度比，而不控制嵌固端以下抗侧构件的平面布置的合理性，这对控制结构的扭转效应来说仍欠妥。有人建议在位移比计算时，嵌固端仍选取在下嵌固点，并注意控制上嵌固点所在层的位移比。从化一个山地别墅就是按此方法来控制的。由于下嵌固层地下室外墙的存在，人们如果仅考虑对应部分，那么刚度比应该更大，这完全符合上嵌固层作为嵌固端的要求，因此控制其位移比是合理而且必要的。以下嵌固层作为嵌固端来控制位移比时，上嵌固层的位移比相对较大，但其对应的最大层间位移角都非常小。另外由于嵌固点在不同标高，其侧向刚度在吊脚或掉层楼面的上、下层存在突变，如果刚度相差较大，会导致上、下部构件内力突变，促使部分构件提前破坏，故山地建筑结构控制其吊脚或掉层楼面的上、下层刚度比就显得非常重要了。

（二）地震力计算上的问题

地震力分析计算方法上，如何能够模拟真实的山地建筑结构的地震力作用？

现行的地震力分析计算方法是基于基础为嵌固端且各基础同时输入地震力而进行的。而实际山地建筑结构的基础有高有低，地基土的性质也可能有较大的差别，因此常规地震力分析计算的适应性有待进一步研究。

山地建筑结构由于要融入地形环境中，这样容易形成单侧、两侧、三侧带约束的地下室，此类地下室在地震作用下的受力特点受约束边的土层性质影响，其地震作用的响应特点需要更进一步的研究。现有常用结构计算软件的适应性和可操作性均需要加以完善。

另外，常规计算软件对山地建筑结构在地震作用下的内力分析也需要完善，它对掉层结构的内力分析结果显示，山地建筑结构的地震剪力的特点跟普通结构的并无区别，仍然从上至下递增，但实际由于接地层的竖向构件会将一部分地震作用传递给基础，然后传到地基，因此接地层楼层的地震剪力应有所减小才符合实际。

（三）抗震构造上的问题

山地建筑结构自身的特点使其在抗震性能上有其独特的性能，人们应对山地建筑结构的抗震性能加以分析，按其受力、变形特点，有针对性地对薄弱部位进行加强。

三、山地建筑结构基础设计中的误区

山地建筑结构的基础设计有着其独有的特点：需要考虑基础对地形、场地的影响，同时，由于受场地的影响，人们必须考虑施工的可行性及难度。

山地建筑多数情况下为利用原状地形的建筑，一般情况下，其地基条件较好、边坡本身的稳定性良好（如需要填方，则填方方案须经过边坡稳定性验算及处理），但由于建筑物基础的存在，人们在边坡上增加了附加应力，此应力对边坡的影响必须要分析计算。《建筑地基基础设计规范》（GB 50007—2011）中指出，建造在斜坡上或边坡附近的建筑物和构筑物，尚应验算其稳定性。概括起来其基本原则是边坡自身稳定性满足要求，建筑物基础尽量不要对边坡产生不良影响，如有影响则需要计算分析基础应力下的边坡稳定性。

根据上述原则，远离边坡的建筑物一般情况下考虑用天然基础，而边坡附近的建筑物如考虑用深基础，则可以避免其带给边坡稳定性的不良影响。但一般边坡附近的地形复杂、场地较小，施工深基础的难度较大。常规桩基础的施工机械要求场地比较开敞，难以应用。相对来讲，人工挖孔桩（墩）的施工灵活、适应性强、基础质量也比较有保证，有着较多应用，但由于操作工人的危险性大而受到制约。桩基过于靠近边坡时，桩在边坡内、外侧所受的土压力不对等容易偏桩，这对工人造成了安全威胁。为了使施工机械小型化而能适应多变的场地，这里就需要施工单位对现有设备进行改良。

保证钢管桩质量的两个关键：一是入岩段必须要有保证，经与施工单位沟通，实际施工时，入岩段可采用潜孔锤开孔，这样可切实有效地保证入岩段的质量；二是桩上部土层（尤其是填土）段，桩侧注浆要有保证，此注浆的目的是给桩增加保护层和填充桩与土之间的空隙，提供桩侧约束，保证桩不失稳。

小型钢管桩同时存在单桩承载力相对较小、桩单位强度所需费用高于其他桩型的一些缺点，因此，不宜广泛推广，但对多层建筑来讲不失为一个较好的选择。

山地建筑结构的基础埋深，通常受场地的制约，有高有低，如果设计时采用长短不同的柱将建筑物架空，则务必注意对其中的短柱进行加强。短柱易发生剪切破坏，加上短柱刚度较大，地震作用也相对较大，更容易产生破坏，因此应在抗震构造上对短柱予以加强，从而防止其剪切破坏，或者加大山地建筑的基础埋深，以避免出现短柱。

四、山地建筑支挡结构设计中的误区

山地建筑结构中多数需要支挡结构，而对支挡结构和建筑物的关系处理是山地建筑结构设计中的重要问题。在山（坡）地建筑中出现地下室各边填埋深度差异较大情况时，宜单独设置支挡结构。这样就在不全埋地下室的情况下，通过一分为二，分别得到简明且各自独立的主体结构模型和支挡结构模型。此方法方便实用，但非尽善尽美，如经济性和对施工工期的影响等。在掉层结构中，掉层的高度为 3 m 左右时，土压力不是很大，而由于临土一侧考虑防渗，需要设置一片混凝土墙时，只从土压力的角度考虑，仅需要对此混凝土墙及相关范围的底板适当加厚和配筋适当加强即可满足要求。此时增加的成本相对于另做支挡结构要少，工序上不需额外增加。从化山地别墅的设计中就是按两墙合一的方式，避免了混凝土墙的存在造成的刚度的突变、位移比的突增，从而避免了对抗震造成的不良影响。由于控制了结构的位移比，同时从化为低烈度区，因此地震作用带来的不确定性影响较小。建成后通过实地考察，外墙无开裂现象，防水效果也不错，是一个比较成功的应用。

单个掉层段高度比较大的时候，优先考虑单独设支挡结构。有必要不单独设挡土墙时，一般将单个大的掉层分成若干高度小的掉层，它们之间的水平距离应满足一定的高宽比（需根据土层性质而定，如一般硬塑性黏土层按 1 ∶ 2），此时，内部的掉层甚至可以放坡不回填而仅设围护墙体。

地下室外墙带来的扭转效应、外墙土压力在地震作用下的不确定性影响可能是现行规范建议分开支挡结构和主体结构的主要原因。地下室外墙土压力受地震作用影响的理论分析，需要更多的学者去发掘。

五、优化山地建筑结构设计的措施

（一）在坡地上建造房屋

一侧或两侧室外地面低于其他侧面时，基础埋深应从低的地面算起，高出低地面的侧面压力在结构整体计算时应作为水平力考虑，同时人们还应对侧墙土压力作用下的配筋进行计算。在河岸、边坡边缘建造房屋时，除保证其在地震作用下的稳定性外，尚应估计不利地段对设计地震动参数可能产生的放大作用，其水平地震影响系数最大值应乘以增大系数。增大系数应根据不利地段的具体情况来确定，其值一般为 1.1 ～ 1.6。

（二）边坡附近的建筑基础应进行抗震稳定性设计

建筑基础与强风化岩质边坡的边缘之间应留有一定的距离，其值应根据设防烈度的高低确定，通过采取一定的措施而避免地震时地基基础被破坏。《高层建筑筏形与箱形基础技术规范》（JGJ6—2011）规定，对建造在斜坡上的高层建筑，应进行整体稳定验算。边坡上扩展基础设计详见《建筑地基基础设计规范》（GB 50007—2011）相关规定。

（三）嵌岩灌注桩基础

嵌岩灌注桩基础，实际上就是岩石地基上的挖孔灌注桩基础，可采用扩大底部的形式，形成人工挖孔扩底灌注桩基础，嵌岩人工挖孔扩底灌注桩的扩大头底面应进行整平处理。嵌岩灌注桩单桩竖向承载力特征值计算时一般不考虑桩侧阻力。嵌岩灌注桩嵌入倾斜的完整和较完整岩的全断面深度不小于 0.5 m，倾斜度大于 30% 的中风化岩，宜根据倾斜度及岩石完整性适当加大嵌岩深度；对于嵌入平整、完整的坚硬岩和较硬岩的深度不应小于 0.2 m。

（四）坡地桩基础设计

对于坡地桩基，人们应进行桩基的整体稳定性验算。桩基应与边坡工程统一规划、同步设计，人们应合理确定施工顺序。坡地地质最大的问题是滑坡失稳，特别是在地震作用下的稳定问题。因此建筑场地应在建筑使用期限内保持稳定，包括在建筑荷载及地震作用下保持稳定，如有崩塌、滑坡等不良地质现象存在时，应按《建筑边坡工程技术规范》（GB 50330—2013）的相关规定进行整治，确保其稳定性。

建筑物的桩基与边坡应保持一定的水平距离，当地质条件较好时，地震影响范围从坡边算起为 $5h$（h 为坡高），当地质条件较差时，地震影响范围可至 $10h$。因此桩基在设计中应采取一定的措施，包括构造和计算方面。

坡地在岸边的情况下，采用挤土桩产生的挤土效应易造成边坡失稳，故不宜采用挤土桩。此时，人们应控制建筑物总沉降量，如沉降量过大易造成基底土侧胀，从而影响边坡稳定。

桩端应进入潜在滑裂面以下足够深度的稳定岩土层内。人们应验算最不利荷载效应组合下基桩的整体稳定性和基桩水平承载力。基桩应沿桩身通长配筋。

（五）岩石地基地下室应考虑地下水的作用

岩土工程勘察报告可能注明“勘探过程中未见地下水”，但岩石基坑形成后，能长久积聚地表水（施工用水、大气降水、裂隙水）。由于岩石不透水，水无法消散，其对地下室底板及外墙产生稳定的水压力，因此人们应对地下室底板及外墙进行防水及抗浮设计。

第二节　接地类型选择及设计要点

山地建筑的接地方式与正常建筑的接地方式有所不同，其不同的接地方式决定了建筑物对山体地表的改变程度，同时也决定了建筑本身的结构形式，对建筑区域内山地环境以及生态平衡具有重要影响。设计者应根据建筑底面以及山体表面之间的不同关系，选择合适的接地方式。山地建筑的接地方式可以分为地表式、架空式以及地下式三类。

山地建筑的接地方式反映了建筑与山地地表间的关系，它是山地建筑克服地形障碍获取建筑使用空间的表现。结合山地地形及水文地质情况，山地建筑常用的结构形式有掉层、吊脚、附崖和连崖等。掉层结构主要包括脱开式和连接式两类。脱开式即边坡与结构脱开，边坡单独设置支护结构，上、下接地端嵌固。根据上接地面与掉层部分是否设置拉梁，脱开式又分为无拉梁脱开式和有拉梁脱开式。连接式即边坡与结构不脱开，结构挡土墙兼作挡土墙，上、下接地端嵌固。区分挡土墙是否设置锚杆，连接式又分为无锚杆连接式和有锚杆连接式。吊脚结构接地类型分为架空式和半架空式。附崖结构可参考掉层结构设计理念。连崖结构与边坡之间一般采用滑动支座连接。

掉层结构和吊脚结构是比较常见的山地建筑形式，以下将从支护及抗震两个方面来分析山地建筑结构设计要点。

一、掉层结构设计要点分析

掉层结构指在同一结构单元内有两个及以上不在同一平面的嵌固端，且上接地端以下利用坡地高差按层高设置楼层的结构体系。由以上定义可以看出，掉层结构与边坡的关系相对密切。

（一）掉层结构边坡支护设计要点

由于山地结构不规则程度大，建筑布置方案阶段应与结构专业人员加强配合，重视结构布置和边坡支护的合理性。常用的边坡支护形式有自然放坡、喷锚支护、重力式挡土墙、锚定式挡土墙、薄壁式挡土墙、加筋土挡土墙和山地建筑地下室外墙等。

（二）掉层结构抗震设计要点

概念设计、抗震计算及抗震构造措施是抗震设计的三个层次，地震作用的随机性和不可把握，凸显了概念设计的重要性。概念设计始于方案开始，即人类运用在学习及实践中掌握的正确概念，从宏观上对诸如结构体系、刚度、构件延性等进行判定，再辅以必要的计算及构造措施，以消除建筑抗震的薄弱环节，达到合理抗震设计的目的。山地建筑，由于局部的地形条件对地震作用的放大及现有计算软件的局限性，使得人们不能准确地进行抗震计算，因此山地建筑更应注重概念设计。掉层结构的抗震概念设计一般从以下几个方面进行。较少扭转效应，掉层结构由于天生的不规则性，扭转效应明显，因此设计时应尽可能合理布置结构，以减小扭转的不利影响。当多数抗侧力构件位于上接地端时，人们可设置掉层与上接地端的连接楼盖；当多数抗侧力构件位于下接地端时，人们可不设置掉层与上接地端的连接楼盖，上接地竖向构件底部可采用滑动支座，应对掉层结构上接地层进行加固，抑制掉层部分形成抗震薄弱部位。上接地端的约束导致山地建筑结构受力同普通平地结构差别很大，人们难以采用现行规范的控制指标（如抗侧刚度比和抗剪承载力比等）对其进行不规则判断。掉层层间受剪承载力不宜小于其上层相应部位竖向构件的受剪承载力之和的 1.1 倍；掉层结构的上接地嵌固作用，致使上接地竖向构件相比掉层部分竖向构件扭转效应明显。山地建筑有别于平地建筑，在抗震构造措施上尤其有独特的要求。山地建筑高层掉层结构各接地端的上下层抗震等级应提高一级。掉层结构上、下接地层柱，箍筋应全柱段加密。多层吊脚结构首层楼盖楼板厚度不小于 120 mm，高层吊脚结构首层楼盖楼板厚度不宜小于 150 mm。掉层结构上接地端宜设置与掉层部分连接的接地楼盖。

二、吊脚结构设计要点分析

吊脚结构指顺着坡地采用长短不同的竖向构件形成的具有不等高约束的结构体系。由以上定义可以看出，吊脚结构与边坡的关系不如掉层结构与边坡的关系紧密。

（一）吊脚结构边坡支护设计要点

吊脚结构的边坡支护设计主要考虑边坡自身的稳定性及动力稳定性。人们首先应查明影响边坡稳定性和结构安全性的各种工程地质和水文情况，然后进行详细的评价，最后采取针对性的设计措施来确保边坡和结构的安全。

（二）吊脚结构抗震设计要点

吊脚结构的抗震设计一般从以下几个方面进行：

（1）注意结构面的布置，吊脚部分竖向构件刚度分布宜尽可能均匀，应避免较多数量的长短柱共用，从而避免刚度差别较大，人们应尽可能采取措施以降低刚度不均匀程度，从而避免造成建筑整体结构扭转；

（2）吊脚部分的顶层和上部结构的底层均应予以加固，吊脚部分与上层对应部分的刚度比不应小于 1，从而避免吊脚部分形成薄弱层；

（3）采用吊脚结构时，吊脚部分层间受剪承载力不宜小于其上层相应部位竖向构件的受剪承载力之和的 1.1 倍；

（4）在吊脚部分设置拉梁，这样可减少吊脚部分结构竖向变形不均匀；

（5）吊脚部位坡地长柱建议加大截面，以防止吊脚部分不均匀变形而引起的结构在水平方向的变形；

（6）采用吊脚结构时，坡顶接地柱的约束对结构的扭转有影响，为减小扭转效应，人们可加强横向约束，适当放松纵向约束。

吊脚结构在抗震构造措施上一般包括以下几个方面：

（1）吊脚柱及接地层柱箍筋应全柱段加密；

（2）吊脚结构首层楼盖宜采用梁板体系；

（3）高层吊脚结构首层楼盖及以下部位，以及高层掉层结构各接地端的上下层抗震等级宜提高一级。

第三节　山地建筑结构抗震设计分析

山地建筑场地地基与平地建筑场地地基相比，其主要特点如下：场地一般均存在冲沟、高边坡；地基岩土分布起伏变化较大；场地内存在大面积挖填方区域；场地内的建筑采用不同的基础类型；场地处于抗震不利地段；拟建场地存在大量（边坡）挡土墙；退台建筑（层层接地）底部嵌固端在不同的标高平面上，上部结构扭转效应明显。

一、建筑与场地关系

（一）接地形式

对于山（坡）地建筑，比较常见的接地形式是吊脚、错台。

（二）建筑周边覆土

对于山（坡）地建筑，在总图中，建筑周边覆土有如下几种情况：单侧覆土、两侧覆土、三侧覆土。

（三）共性问题

（1）上接地层的部分竖向构件（框架柱、剪力墙）与下接地层的竖向构件相连接，部分竖向构件与基础相连接，竖向构件分别嵌固在不同标高处（上接地嵌固端和下接地嵌固端），支座约束存在差异，侧向刚度不同，在地震作用力下，导致结构扭转效应明显。

（2）在错层高差处，若建筑内部存在边坡挡土墙，则结构内部刚度强、周边刚度弱，这将导致结构扭转效应更加明显。

（3）建筑周边不对称覆土，土体约束不同；设置挡土墙，竖向构件布置偏置，导致结构扭转效应明显。

（4）存在架空层，以及长短不一的竖向构件，若架空层层高较高则很容易形成薄弱层，这会使结构破坏严重；若架空层层高较矮、刚度较大，则容易使结构发生剪切破坏。

（5）竖向构件嵌固在不同标高处，同一结构单体可能存在不同的基础形式，如部分浅基础＋墩基础或桩基础＋墩基础等。基础埋深范围内土层力学性质差异较大：一部分基础埋深范围内土层为岩质土层，基础对上部结构约束较强；另一部分基础埋深范围内土层为非岩质土层，基础对上部结构约束较弱。

（6）山地建筑一般位于抗震不利地段，根据《建筑抗震设计规范（附条文说明）（2016年版）》（GB 50011—2010）可知水平地震影响系数应乘以1.1～1.6的放大系数。

二、抗震措施

受多种复杂不确定因素影响，山地建筑在地震作用下，震害较平地建筑明显，震害主要集中在首层及吊脚层；吊脚框架结构的抗地震倒塌能力低于一般框架结构。

（一）采取合理的计算假定

人们应根据山地建筑不同的接地形式，选择与结构实际受力相吻合的力学计算模型。对于复杂结构的山地建筑，在进行地震作用下的内力和变形分析时，一般采用不少于两个合适的不同力学模型，并结合工程经验对计算结果进行合理性分析。

（二）设置抗震缝

在不影响建筑功能的前提下，根据建筑使用功能、场地因素等，通过设置抗震缝，使建筑形成若干个结构抗震单元，尽量减少或避免退台、吊脚等对抗震不利的结构形式。

（三）选择合理的结构类型

对存在吊脚、错台的建筑，优先采用抗震性能较好的结构类型，如抗震墙结构或框架 - 抗震墙结构。

（四）提高结构抗扭刚度

因结构接地形式、周边覆土等情况不同，结构的扭转效应一般不同。结构计算时，在考虑偶然偏心地震力作用的情况下，楼层的最大弹性水平位移与该楼层两端弹性水平位移平均值的比值宜控制在1.2以内。以结构扭转为主的第一自振周期与以平动为主的第一自振周期的比值不宜大于0.9。

（五）提高架空层的延性

当架空层层高较矮时，人们应对存在的短柱采取必要的抗震措施或其他有效方法，如适当加大基础埋深等，从而避免短柱剪切破坏；当架空层层高较高时，人们应加大并加强该层的抗侧刚度，从而避免薄弱层的形成。

在架空层增设一定数量的剪力墙，可提高该层的结构刚度，抗弯刚度和剪切刚度应分别大于相邻上一层的10倍和2倍，从结构概念上使该层作为相邻上一层的嵌固端。

在构造上人们应对吊脚及错层部位的抗侧力构件的抗震等级进行适当提高，并对掉层楼面板厚及配筋进行适当加厚和加强，以提高架空层结构的刚度及承载能力。

（六）结构周边采用合理的支挡结构

（1）《建筑抗震设计规范（附条文说明）（2016年版）》（GB 50011—2010）第6.1.14条说明：山地建筑中出现地下室各边填埋深度较大时，宜单独设置支挡结构，不建议采用主体结构自挡土方法。按照该规范的精神，在条件许可的情况下，在结构周边设置分离式支挡结构，即主体结构与支挡结构各自独立，支挡结构不参与主体结构的抗震设计，从而避免支挡结构的偏心布置加大结构的扭转效应，计算假定应与实际受力吻合。

（2）当建筑周边无法设置分离式支挡结构时，上部结构可采用包络设计，即结构的嵌固端位于基础顶和辅助层顶分别进行计算。构件配筋进行包络设计时应注意以下几点。①在不影响建筑功能的情况下，提高非覆土一侧构件抗侧刚度，如增设剪力墙、加大梁截面高度、提高结构抗扭刚度，避免扭转不规则。②根据计算情况，在覆土一侧采用部分分离式挡土墙，减弱该侧构件抗侧刚度，避免扭转不规则。③结构主体自挡土，辅助层结构刚度（抗弯刚度、剪切刚度）较相邻上一层的大，对于框架结构，框架柱应嵌固在辅助层顶板，以实现首层柱底先屈服的设计概念；结构设计时，辅助层柱配筋应满足《建筑抗震设计规范（附条文说明）（2016年版）》（GB 50011—2010）第6.1.14的要求。

（七）考虑不利地段水平地震作用放大

鲁甸及汶川地震震害表明，位于坡上建筑的震害均较周边平地上的建筑的震害严重，除山地建筑自身结构存在特殊性外，坡顶和斜坡上的建筑均位于抗震不利地段，其地形对地震的反应比平地或山脚（坡地台底）要强烈得多。

《建筑抗震设计规范（附条文说明）（2016年版）》（GB 50011—2010）第4.1.8条及该条条文说明规定：局部地形对地震动参数的放大作用，主要依据宏观震害调查的结果和对不同地形条件与岩土构成的形体所进行的二维地震反应分析结果判定。对各种可能出现的情况的地震动参数的放大作用都做出具体的规定是很困难的，实际操作时，人们可根据具体情况，按照相关条文确定山（坡）地上的建筑地震动参数的放大系数。

第三章　山地建筑地基基础设计分析

第一节　山地建筑结构地基和基础选型介绍

从山地的环境角度来看，如果需要对建筑周边环境进行维护，使其保持稳定状态，那么就要谨慎选择建筑结构。从山地建筑结构本身出发，人们可通过不同角度，如地质承载力，地形的陡坡、缓坡等来进行基础选型。施工时要进行必要的勘察和设计，依照相关工程的施工经验和自然科学原理来完善施工和操作工艺。

建筑地基与基础工程设计方法由于受到诸多不确定因素的影响，具体的设计实践仍处于半理论半经验的状态。尤其山坡地区地势起伏变化很大，工程地质情况复杂，地基处理和基础设计难度较大。根据场地条件、建筑情况，综合考虑技术、经济和工期等多方面的因素，选择合理的建筑地基基础方案对工程建设显得尤为重要。

一、地基基础选型的考虑因素

（一）建筑场地环境条件的影响

建筑场地的地形对建筑物地基的稳定性具有很大的影响。选择场地时，应选择开阔平坦坚硬密实的均匀地基，避免选择软弱土或分布不均匀的土层。建筑场地存在邻近建筑物时，应避免开挖新基槽危及原有基础的安全稳定性。当新建工程的基础埋深大于原有建筑基础埋深时，两基础之间的净距应大于两基础底面高差的 1 ～ 2 倍，若不满足此条件，应采取护坡桩、地下连续墙结构、加固原有基础等措施，以确保原有基础的安全。

（二）震害影响

建筑地基的震害大小与场地土的性质及类别有密切关系。地震时地基液化可能导致承载力丧失，造成地基不均匀沉降；软土地基抗剪强度降低，地基土发生剪切破坏，建筑物会发生严重沉降、倾斜；危险地段，可能发生滑坡、崩塌、地陷、泥石流等；地震断裂带上可能发生地表错位。因此，建筑场地选择时应尽量避开宜发生震害的地段，并采取相应的建筑结构抗震措施。

（三）建筑物下部工程地质水文条件的影响

建筑物下部土层结构、各土层的物理力学性质、地基承载力、地下水位埋深与水质、不良地质条件等因素都会影响持力层、地基的处理，基础的埋深以及基础的选型。许多由地基问题造成的工程事故，往往是人们对工程地质条件了解不够全面而造成的。工程中主要通过地质勘察了解地基土层的分布规律、土的物理力学指标以及地下水的情况，确定有无滑坡、崩塌、岩溶、土洞、冲沟及泥石流等不良地质现象，对场地的稳定性、适宜性，地基的均匀性、承载力和变形特性等进行评价。

（四）建筑物上部结构的影响

建筑物上部结构的形式、规模、用途、荷载大小、性质、整体刚度以及对不均匀沉降的敏感性等，对地基基础方案都提出了要求。地基基础方案需要根据建筑物上部结构，综合考虑下部地基水文情况以进行优化设计。

（五）建筑施工条件、造价、工期等方面的综合影响

工程现场的水、电、交通运输和场地等施工条件，建设单位对工期的要求，工程造价控制范围等，也会影响到地基处理，具体工程具体分析，人们要充分发挥地方优势，利用地方资料。

二、山坡地区地基的类型及特点

山坡地区由于特殊地理环境，在长期地质变化过程中，主要形成了以下几种类型的地基，在地基处理和基础选型中，人们需要根据具体情况进行综合考虑。

（1）基岩部分露出地面或大块孤石地基。这类地基通常表现出软硬不均、厚度不均和表面倾斜的特征，其变形条件对建筑物十分不利，通常要采用褥垫层进行处理，以使地基的坚硬部位变形与周围土的变形相适应。

（2）下卧基岩表面坡度较大的地基。这类地基通常表现出基底下薄厚不均，这会使地基产生滑动、建筑物不均匀沉降，基岩表面倾斜也会使覆土层产生滑动，地基稳定性差。

（3）山坡倾斜地区，地表高差大，在同一建筑物中容易形成半挖半填的地基。这类地基容易产生不均匀沉降，从而导致建筑物开裂。

（4）山区岩溶地区，常存在石芽、溶沟和溶槽等岩溶地基。这类地基中充填着性质和厚度都不同的土层，地基既不稳定也不均匀。

（5）膨胀土地基。膨胀土具有吸水膨胀、失水收缩两种变形特性。这类地基在干湿两种情况下都表现出不均匀性。

（6）湿陷性黄土地基。湿陷性黄土未受水浸湿时，强度较高，压缩性较小。在一定压力下受水浸湿时，土结构会迅速破坏，强度迅速降低。因此，在湿陷性黄土场地上进行建设，应根据建筑物的重要性、地基受水浸湿可能性的大小和在使用期间对不均匀沉降限制的严格程度，采取以地基处理为主的综合措施，从而防止地基湿陷对建筑产生危害。

三、山区地基处理及基础选型

人们在进行地基处理及基础方案选型时，应综合考虑场地环境条件、工程地质和水文条件、建筑物对地基的要求、建筑抗震、建筑施工条件等因素，对地基处理方法、基础持力层的选择、基础的埋深、基础的类型、边坡的防护等进行综合分析，经过技术、经济指标比较分析后择优采用，保证工程质量、施工安全、经济合理和技术先进。同时，在地基基础方案的设计过程中，要参考邻近建（构）筑物的资料，分析对邻近建（构）筑物产生的影响，防止产生重大事故。

（一）地基处理的要求及基本方法

当天然地基满足上部结构对地基的要求时，我们尽可能选用天然地基，若天然地基不能满足建（构）筑物对地基的要求，则应对地基进行处理。地基处理的目的主要是满足上部结构对地基承载力、变形及稳定性等方面的要求，提高软弱地基的承载力，防止剪切破坏使地基失稳，防止建筑沉降量过大及地基不均匀沉降产生事故，以及防止地震时地基土的震动液化和沉陷。

常用的地基处理方法有土层置换法、砂石桩法、高压喷射注浆法、强夯法、预压法、夯实水泥土桩法、水泥粉煤灰碎石桩法、石灰桩法、灰土挤密桩法、土挤密桩法、柱锤冲扩桩法、单液硅化法和碱液法等。土层置换法适用于浅层软弱地基及不均匀沉降地基的处理；砂石桩法适用于紧密松散沙土、粉土、黏性土、杂填土地基；高压喷射注浆法适用于处理淤泥、淤泥质土，软塑或可塑黏性土，粉土，黄土等地基；强夯法适用于碎石土、砂土、低饱和度的粉土与黏性土、湿陷性黄土、杂填土等地基；预压法适用于淤泥质黏土、淤泥与人工冲填土等软弱地基。为了防止不均匀沉降所产生的危害，人们还可以采取建筑和结构措施，如可以采取沉降缝或增设圈梁以加强建筑物刚度，尽量避免建筑物两端或转角处落在局部软土上。

（二）基础方案类型及特点

地基条件和上部结构是选择基础方案的主要依据。山坡地区建筑基础主要有浅基础、桩基础、筏形基础、箱形基础、桩筏基础及桩箱基础等类型。

（1）浅基础埋置不深，持力层设置在天然土层上，施工简单，无须复杂施工设备，用料较省，工期短，造价低，基础方案应优先考虑采用浅基础。

（2）桩基础具有承载力高、沉降量小、抵抗外力强以及可以抵抗上拔力和水平力等特点，能适应各种复杂地质条件，尤其适用于上覆较厚软土层的地基。人工挖孔桩，适用于持力层较浅的地基，在人工开挖过程中若深度太深或为淤泥场地，则容易缺氧造成安全事故。具体桩基础类型的选择，可结合不同桩的特点，根据建筑物的特征、工程地质水文条件、施工技术水平和施工条件、工程造价及工期等的要求进行。

（3）筏形基础底板连成整片，分为梁板式和平板式两类。筏形基础整体抗震性能好，能够减少地基不均匀沉降造成的危害，易于满足软弱地基承载力的要求。不足之处在于抗弯刚度有限，不宜于调整过大的沉降，尤其对于山坡地区土岩结合软弱面需进行局部处理。

（4）箱形基础是由顶，底板和纵、横墙板组成的空间盒式结构，具有基底面积大、抗弯刚度大和整体性好等特点，尤其适用于软弱而不均匀的地基，能调整与抵抗地基的不均匀沉降。当软弱土层不深时，箱形基础可直接坐落在较好土层上。

（5）桩筏基础主要适用于软土地基上的筒体结构、框剪结构和剪力墙结构，以便借助高层建筑的巨大刚度来弥补基础刚度的不足。

（6）桩箱基础是由具有底、顶板外墙和若干纵横内隔墙的箱形结构把上部荷载传递给桩的基础形式。箱体刚度很大，具有调整各桩受力和沉降的良好性能，当较弱土层较深时，建筑可采用桩箱基础。

四、山地建筑的施工技术分析

山地建筑施工应该遵循的十大原则：尊重自然原则、安全原则、占边原则、择高原则、美学原则、留顶原则、亲水原则、择坡原则、经济原则、系统原则。下面以某区域山地建筑为例进行山地建筑的施工技术分析。

（一）利用高差进行施工

该区域的西南侧以小山坡为主，山脊较为突出，在实际施工时人们对这部分山地的自然高差进行了巧妙利用，使用梯田的形式，将建筑分成了四级台阶进行施工，并结合区域东侧山坡的标高差异，相应地为每级台阶设计了“平进平出”式的四部分地下车库，在确保建筑自然采光和通风性良好的基础上，也使得建筑景观更具美感。根据要求，地下车库外圈以山地环境为依托，建立了部分主题会所和配套的商业圈。在进入该区域前，大部分建筑为西式风格和中国传统文化风格的人工景观，而往里走则逐渐有各类依山而建的自然景观。

（二）基础设计

由于建筑处于山体之间，不能考虑开挖直接施工基础，只能考虑桩基础并施工地基梁。梁高设为 1—2 m。这种基础设计，地基梁水平连接各桩，较大梁高使得桩基具有良好的整体性，其与上部结构形成整体受力体系，这样可减少个别桩的失效而对建筑物的不利影响。

（三）高阶部分的地基稳定性分析

这一部分地基稳定性分析由地质勘察单位提供相关数据，有结论证明土体即使在外部建筑物的附加荷重作用下也是稳定的，人们在进行山地建筑设计时应满足相关规范的要求。

（四）景观设计

针对建筑形态的多样化，人们应充分考虑山地地形环境的复杂多样性，兼顾对山地开发强度的掌握。双拼排屋按照缓坡弧度进行构建，上坡与下坡两部分建筑应当分布于道路两边，并根据山地坡度错落有序修建，从而使得山地建筑群整体呈现前低后高式风格，这样建筑居民不管居住在哪一区域，都可以较全面地看到周边山地的自然景观。位于山坡区域的建筑，其首层可修建车库。位于下坡区域的建筑，则主要采用局部建筑架空的施工方法，从而使得建筑土方工程量得到最大优化。

（五）沉降差

经过计算可知桩基的沉降计算值在 90—96 mm 之间波动，满足相关规范对绝对沉降量 200 mm 限值的要求；相邻基础之间的沉降差为 5—10 mm，满足相关规范对相邻柱基沉降差不大于柱距 2% 的限值的要求。

五、山地建筑基础选型及施工技术的应用

这里以一个建筑项目为例，结合工程的基础施工，对山地建筑的基础选型进行解析和探讨。山地别墅群在某山区，设计公司设计的基础为人工开挖孔桩。施工方按图开挖出现了大量的岩石及孤石，使得桩基工程无法达到设计深度。向设计公司反映后，设计公司经过一系列的分析和研究，决定采用爆破的方式清除岩石和孤石。通过半个月的施工，施工人员对于岩石的有关状况有了较为明确的了解。经确认，大部分石头均为岩石，施工人员将相关验槽资料传回设计公司。设计公司认为对大型石块进行爆破，场地的稳定性可能遭受破坏。随后，有关单位联合地质勘探专家进行了场地的稳定性评价，评价得出整体具有稳定性后再进行施工的结论。施工人员最终对一小部分山地建筑进行褥垫层毛石混凝土填平，局部用小筏板的方式进行处理。

从此工程中我们可以发现，山地建筑的处理工作较复杂，基础选择一旦错误，将给企业造成很大的经济损失。

人工挖孔灌注桩是最为传统的成桩施工工艺，其受到地质特殊条件的限制，施工劳动强度巨大，危险性非常高。但其优点是施工相对简单和便利，操作工艺简便，不用大型机械设备开挖，施工速度比较快，能够有效节省成本降低工程造价，多桩还能同时进行，且单桩的承载力较高，受力可靠，性能稳定，有较强的抗震能力，人们还可直接对桩的外形、尺寸及持力层情况进行检查，成桩的质量能得到保证。同时，在独立基础不能很好地适应抗滑能力的场地中，桩基有较好的抗滑性。

岩石的表层一般都有不同厚度的强风化层。强风化层与中微风化岩石面一起构成滑动面，嵌岩的深度应按规定达到中等风化至少三倍桩径，人们还应先对边坡的稳定性进行验算，然后评价斜坡是否稳定，若斜坡稳定，则建筑物与斜坡之间的边缘尺寸就符合有关规定。完整的中风化岩层要不大于 5 m 的埋深。岩层如果是硬质岩，则基础底面的应方扩散范围没有临空面。满足了这些条件之后，建筑方能采用独立基础，否则就要采用桩基础。

本案例山地建筑的下面有许多岩石和孤石，大部分需要进行开挖和爆破，

而大量的爆破会造成场地的不稳定和土层的破坏，工程桩成孔质量也不能得到保证，因此，不适合人工挖孔桩，较好的方案是采取天然基础。设计人员应重新评价场地的边坡稳定性，尤其是边坡整体的稳定性和局部的稳定性。在整体稳定性可靠之后，再对局部的相对不稳定情况进行加固，除此之外还要考虑天然基础的可行性方案。当然，建筑物不可设置较大的填土区，也不可将建筑的外墙强行作为边坡的支档等结构。

第二节　山地建筑结构地基承载力设计要点

在进行山地建筑结构地基设计时，设计人员要做好以下常见问题的把控：结构布置应尽量规范并减小扭转影响；应提前请勘察单位分析论证边坡在自然状态及动力状态下的稳定性；应对地震作用及风荷载作用计算参数及时进行调整；要依据岩土勘察报告，进行地震动参数的调整，包括场地类别、地震动参数的放大等；风压高度变化系数应考虑地形条件的修正；应对构件内力进行调整，并对特殊构件进行分析；应对掉层和吊脚部分的框架柱地震剪力进行适当放大；接地层上一层框架梁应按偏拉构件设计；吊脚结构接地层、掉层结构上接地端楼盖（有拉梁时）以及上接地层上层楼盖（无拉梁时）宜考虑楼板的弹性变形。

（一）天然地基承载力设计要点

山地式建筑结构，通常都是采用一些天然性基底来进行浅基设计的。在设计期间，需确保基底能够有效传力于稳定的持力层，以防止基底过大而传力到临近的边坡之下挡土墙支护体当中。依据我国相关建筑物地基的设计标准及要求，综合分析土层基底传力的扩散角与稳定边坡的边角，推导该建筑物基底的边缘到挡土墙的墙背的水平距离，逐步加深其前排的基础埋深，尽可能地将设挡土墙之后基础对挡土墙所产生的附着力影响消除。针对抗震设防的区域，设计者需依据我国建筑物边坡的工程技术相关规范、建筑物抗震性设计的相关标准来进行合理化设计。此外，设计者还需综合分析建筑物基底的实际地震水平附着力对支挡性结构所产生的影响，以确保山地式建筑结构整体的设计效果。

（二）桩基础承载力设计要点

针对建筑物浅基的附加荷载极易形成失稳性隐患，设计者需科学运用桩基础这一措施，确保建筑物的附加荷载可深传到最具稳定性的下层持力性土层，并对可能失稳的坡层进行抗水平性滑移设计，即使用了桩基础这一工程措施并不意味着可忽略滑坡失稳性问题。因此，在设计山地式建筑结构时，广大设计者需充分把握桩基础这一设计要点，并坚持从实际出发，依据实际的建筑环境及各项要求，来进行山地式建筑物结构的桩基础设计，以提升山地式建筑物结构整体的设计质量。

（三）结构架空承载力设计要点

针对仅采用挖填方，且不满足建筑场地的平整性要求的一类建筑物，尤其是框架式的结构，通常可运用逐步下沉的架空式结构，也就是运用建筑物体系来调整建筑物的实际使用环境，以防止填土方时的大挖。充分运用地下的架空层可以满足人们对功能性空间的要求。例如，在山区建筑一些吊脚楼，它的实际使用条件为可靠的建筑荷载、稳定的自然坡地等，可保证基本传力。那么，若想确保山地式建筑结构架空设计的质量，广大设计者在实际设计之前，就应先对吊脚楼开展建模分析及计算，并保证建模与该工程项目实际情况相吻合。

山地建筑结构桩基础受力较为复杂，与水平场地条件下桩基础的受力情况差别较大。在静力作用下，山地建筑结构桩基础存在水平位移，但水平场地条件下的桩基础不存在水平位移，所以水平场地条件下的桩基础没有剪力和弯矩，山地建筑结构桩基础存在较大的弯矩和剪力。

在动力作用下，水平场地条件下的桩基础的剪力和弯矩呈抛物线分布，而山地建筑结构桩基础的剪力和弯矩存在反弯点。

土层推力和抗力基本上呈梯形分布，动力作用对该分布情况影响不大。当桩顶作用力增大时，桩顶位移增大，且开始增长较缓慢，当桩顶质量大到一定程度时，增长就较快。在山地建筑结构桩基础设计中，应适当提高桩基础的抗剪和抗弯能力。

第三节　山地建筑结构地基稳定性分析

一、地基稳定性的概念

地基失稳主要指由地形、地貌、设计方案而造成的建筑地基侧限削弱或不均衡，继而可能导致的地基整体失稳；或软弱地基、局部软弱地基超过承载力极限状态的地基失稳。地基稳定性评价的目的是避免建（构）筑物的兴建而引起地基产生过大的变形、侧向破坏、滑移，从而影响正常使用。地基稳定性是一个内涵丰富、针对性相当强的概念，通常情况下，其分析和评价可以包含在对场地稳定性和地基土的评价之中。

按照《岩土工程勘察规范（2009年版）》（GB 50021—2001）中14.1.3和14.1.4规定，岩土体的稳定应在定性分析的基础上进行定量分析。评价地基稳定性问题时承载力按极限状态计算，评价岩土体的变形时按正常对极限状态的要求进行验算。

地基稳定，是山地建筑结构的重要内容。山地建筑由于所处地形的限制，多数情况下，建造在斜坡上或紧邻边坡。一方面，建造过程不可避免需对地形进行改造；另一方面，建筑自重会对坡体产生附加应力，此附加应力直接影响地基的稳定，这就需人们对地基的稳定性进行分析计算。地基相关规范中指出：建在斜坡或边坡附近的建筑物和构筑物，应验算其稳定性。对位于稳定边坡坡顶的建筑，其基础底边缘与边坡坡顶应保持一定的距离，若不满足距离要求，则需根据基底的平均压力，按公式 $M_R / M_S>1.2$（M_R 为抗滑力矩，M_S 为滑动力）计算确定基础距坡顶边缘的距离和基础埋深。当边坡角度大于45°，坡高大于8 m时，也应按上式验算坡体的稳定性。对以上规定的落实，在工程实际中常会遇到这样的情况：在坡顶的同一栋建筑内，虽然按承载力计算采用天然浅基就都可满足稳定性要求，但是紧邻坡顶的第一排基础，采用天然基础却不能满足稳定性要求，即需要加深基础或采用桩基础。第一排基础采用桩基础后，又产生了新的疑问，就是第二排基础需不需要也用桩基础。有时，紧邻坡顶的第二排基础，从稳定性计算方面不需要采用桩基础，但从整体稳定性来讲，第一、二排宜共同采用桩基础。当采用这种处理方法时，同一结构单元，若采用不同基础类型或基础埋置深度显著不同，则应根据地震时两部分地基基础的沉降差异，在基础、上部结构的相关部位采取相应措施，如加强基础梁以提升整体性。

二、地基稳定性分析

影响地基稳定性的因素主要是建筑物荷载的大小和性质、场地工程地质条件，以及地质灾害情况等。

通常如下建（构）筑物需要对地基稳定性进行评价：经常受水平力或倾覆力矩作用的高层建筑、高耸结构、高压线塔、锚拉基础、挡土墙、水坝、堤坝和桥台等。涉及场地的工程地质条件包括地形、地貌，组成地基的岩、土体类型及其空间分布、物理力学性质，地下水（渗流）状况等，特别是特殊岩土、隐伏的断裂带可能引发地质灾害。造成地基破坏失稳的不良地质作用包括岩溶、崩塌、地面沉降、地震液化、震陷、活动断裂、岸边河流冲刷等。

按照《岩土工程勘察规范（2009 年版）》（GB 50021—2001）和《建筑抗震设计规范（附条文说明）（2016 年版）》（GB 50011—2010）的规定，设计人员通常需要分析和评价的内容如下。

（一）确定地基承载力特征值

地基稳定性分析和评价表现在承载力问题上，实质就是验算地基极限承载能力是否满足要求。分析和评价时，应严格按照《建筑地基基础设计规范》（GB 50007—2011）条款执行。

（二）验算地基变形

建筑物的地基变形计算值，不应大于建筑物地基允许变形值。在勘察阶段建筑物特征参数往往不明确，一味要求勘察报告中能有准确的结论不太现实。但在岩土工程勘察报告中应提供符合规范要求的岩土变形参数，相关计算应按照《建筑地基基础设计规范》（GB 50007—2011）和《建筑地基处理技术规范》（JGJ 79—2012）有关条款进行。

（三）确定基础的埋置深度

高层建筑和高耸构筑物的基础埋置深度，应满足地基承载力、变形和稳定性要求。位于岩石地基上的高层建筑，其基础埋深应满足抗滑稳定性要求。土质天然地基上的箱形或筏形基础埋置深度不宜小于 1/15H；桩箱或桩筏基础的不宜小于 1/18H。

一般情况下，均匀地基上若采用箱形基础，同时满足以下条件时，可不进行地基稳定性分析评价。

（1）基础边缘最大压力不超过地基承载力特征值的 20%；

（2）在抗震设防区，考虑瞬时作用的地震力，同时基础埋置深度不小于 1/10H；

（3）偏心距小于或等于 1/6b。

特殊条件下，应根据地基地层结构和地质环境因素进一步分析评价。

（四）位于稳定土坡坡顶上的建筑

对于位于稳定土坡坡顶上的建筑，设计人员应根据建（构）筑物基础形式，按照《建筑地基基础设计规范》（GB 50007—2011）的有关规定确定基础距坡顶边缘的距离和基础埋深。需要时，还应按照《建筑边坡工程技术规范》（GB

50330—2013）的有关规定验算坡体的稳定性。均质土可采用圆弧滑动条分法进行稳定性验算，发育软弱结构面、软弱夹层及层状膨胀岩土，应按最不利的滑动面进行稳定性验算。当坡体中分布膨胀岩土时应考虑坡体含水量变化的影响；具有胀缩裂缝和地裂缝的膨胀土边坡，应进行裂缝滑动的相关验算。

（五）受水平力作用的建（构）筑物

（1）山区应防止平整场地时大挖大填而引起滑坡；

（2）岸边工程应考虑冲刷、因建筑物兴建及堆载而引起的地基失稳。

（六）土岩组合地基

该类地基下卧基岩面为单向倾斜时，应考虑岩面坡度、基底下的土层厚度、岩土界面上是否存在软弱层（如泥化带）等。

（七）岩石地基

（1）地基基础设计等级为甲、乙级的建筑物，同一建筑物的地基存在坚硬程度不同的情况，两种或多种岩体变形模量差异达 2 倍及 2 倍以上时，应进行地基变形验算；

（2）地基主要受力层内存在软弱下卧岩层时，应考虑软弱下卧岩层的影响，并进行地基稳定性验算；

（3）当基础附近有临空面时，应验算向临空面的倾覆和临空面的滑移稳定性。

岩土工程勘察报告中，应提供岩层产状、岩石坚硬程度、岩体完整程度、岩体基本质量等级，以及软弱结构面特征等内容。

（八）软弱地基

首先，应判定地基产生失稳和不均匀变形的可能性，当工程位于池塘、河岸、边坡附近时，应验算其稳定性。其次，其承载力特征值应根据室内试验、原位测试、当地经验结合地层物理力学特征、建（构）筑物特征以及施工方法和程序等多因素综合确定。该类地基应按照《建筑地基基础设计规范》（GB 50007—2011）和《软土地区岩土工程勘察规程》（JGJ 83—2011）有关规定分析评价其稳定性；抗震设防烈度等于或大于 7 度的厚层软土分布区，应按照《软土地区岩土工程勘察规程》（JGJ 83—2011）判别软土震陷的可能性和估算震陷量。

（九）岩溶和土洞

在以碳酸盐岩为主的可溶性岩石地区，当存在岩溶（溶洞、溶蚀裂隙等）、土洞等现象时，应考虑其对地基稳定性的影响。按照《岩土工程勘察规范（2009年版）》（GB 50021—2001）和《建筑地基基础设计规范》（GB 50007—2011）的规定分析评价地基的稳定性。

（十）填土

当地基主要受力层中有填土分布时，如填土底面的天然坡度大于20%，应验算其稳定性。

（十一）桩土复合地基

对需验算复合地基稳定性的工程，应测量桩间土、桩身的抗剪强度。

（十二）桩基

（1）应选择较硬土层作为桩端持力层，软弱下卧层应进行稳定性验算。

（2）嵌岩桩深度应综合荷载、上覆土层、基岩、桩径、桩长诸因素确定。

（3）嵌岩灌注桩桩端以下3倍桩径且不小于5 m范围内应无软弱夹层、断裂破碎带和洞穴分布，且桩底应力扩散范围内应无临空面。

（4）当基桩持力层为倾斜地层、基岩面凹凸不平或岩土中有洞穴时，设计人员应评价桩基的稳定性，并提出处理措施。

（十三）地下水的影响

当场地内地下水位升降时，应考虑可能引起的地基土的回弹、附加沉降和附加的托浮力对地基的影响；对于软质岩石、强风化岩石、残积土、湿陷土、膨胀岩土和盐渍土，应评价地下水的聚集和散失对其所产生的软化、崩解、湿陷、胀缩和潜蚀等有害作用。

（十四）存在液化土层的地基

地面下存在饱和砂土和饱和粉土时，一般应进行液化判别，并根据对液化震陷量的估计适当调整抗液化措施。设计人员应按照《建筑抗震设计规范（附条文说明）（2016年版）》（GB 50011—2010）的规定进行地基稳定性分析。

三、地基稳定性验算方法

（一）地基整体稳定性验算方法

在竖向和水平荷载共同作用下，当不能确定最危险滑动面时，对于均匀地基，稳定性验算一般采用极限平衡理论的圆弧滑动条分法。地基整体稳定性应满足下式要求：

$$M_R/M_S \geqslant F_S \tag{3-1}$$

式中：M_R——抗滑力矩，单位是 kN · m；

M_S——滑动力矩，单位是 kN · m；

F_S——抗滑稳定安全系数，当滑动面为圆弧时取 1.2，当滑动面为平面时取 1.3。

（二）抗水平滑动验算方法

对于承受较大水平推力，地基可能发生侧向滑动的建（构）筑物，抗水平滑动应满足下式要求：

$$E/H \geqslant F_S \tag{3-2}$$

式中：E——水平抗力，单位是 kN；

H——作用于基础底面的水平推力，单位是 kN；

F_S——抗滑稳定安全系数，当滑动面为圆弧时，取值为 1.2 ～ 1.3。

第四章　山地建筑结构设计常见问题及处理

第一节　山地建筑地基设计常见问题及处理

随着城市化进程的加快，楼宇建筑越来越高，建筑地基的稳固性受到了施工单位越来越多的关注。建筑地基的稳固性直接决定着整个建筑工程的质量。就我国目前的建设事业来说，建筑地基中仍然存在着一些问题，这些问题得不到有效的解决，将会给整个工程质量留下安全隐患。为此，本节针对建筑地基中的问题进行了分析，并有针对性地提出了处理办法。

地基是建筑工程中的基础，支撑着建筑物的全部荷载，直接决定着建筑工程的安全性、整体质量与造价。然而在地基的建设过程中，客观存在着一些常见问题，这使得施工单位在地基的处理工作上投入了越来越多的关注。

一、山地建筑地基设计常见的问题

基础是建筑的根本，它的设计和施工直接关系到建筑物的质量和安全，尤其是山地建筑物的事故多与基础有关。山地建筑的地基基础比较复杂，常常具有高低悬殊、基岩起伏大等特点，地层结构在平面与竖向分布上常有很大的差异，不但层次多，各种土层厚度变化较大且物理力学指标相差悬殊。山地建筑容易出现同一建筑物一部分处于挖方区，一部分处于填方区，一部分基础处于浅埋硬土上，另一部分基础处于填土或软土上。所以，在实际工程中必须因地制宜，把握好基础方案，严格控制差异沉降。这里主要分析了山地建筑地基的常见问题，并给出了山地建筑基础设计常见问题的一些处理方法。

山地地基因受山体的影响常会出现滑坡断层、崩塌、破碎带、泥石流、填方、岩溶、挖方和地基不均匀沉降等问题，其对应的地基有天然地基和人工处理地基，对应的基础有浅基础与深基础。山地建筑地基的地质情况复杂，普遍具有以下特征。

（一）地势高低悬殊

很多建设场地经平整之后，会出现同一建筑物中的基础置于不同区域的情况，比方说一部分基础位于挖方区，但另一部分基础位于填方区，这种情况就必须采取有效的地基基础处理措施，若选用的处理措施欠妥，将会使地基产生不均匀沉降。

（二）基岩起伏变化大

一般来说，山区的基岩起伏变化大，通常上覆土层的厚度也不同，那么建筑物往往会出现一部分基础位于中风化的岩层上，而另一部分却在残积土层上，这会使建筑物地基发生不均匀沉降。

（三）土层结构复杂

山地地基由于土层在平面与竖向分布上常有很大的差异，不但层次多、厚度变化大，而且各种土层的主要物理力学指标如地基承载力、压缩模量等，可能相差悬殊。

（四）局部软弱土层

山地常常有老泥塘或排洪沟，当中的淤泥细砂、软塑状黏性土层等属于软弱土层，虽说面积一般不会很大，但也会对建筑物的地基产生局部影响，如果没有妥善处理，容易引发基础不均匀沉降。

（五）地基填料粒径过大

地基填料粒径过大的问题，主要是因为山地填土经常含有山体爆破造成的大块石。

山地建筑地基设计常见的问题有如下几个方面。

（1）山地建筑地基在强度与稳定性方面存在的问题。在地基的建设过程中，如果地基在抗剪强度上不足以负载整个建筑的重量或者不足以承受建筑外部荷载的剪切作用，地基就会发生局部或者整体的剪切破坏，这将严重地影响整个建筑物的安全性。

（2）地基出现了压缩或者不均匀沉降的问题。地基在负载上部建筑物的重量以及自身重量的过程中，地基上面的土层将会受到超强度的压缩，从而导致地基发生变形或者出现沉降。同时如果地基各个部分在强度上不均匀或者地基填土的过程中在高度上有所不同，那么地基在发生沉降并达到一定程度时就会出现结构上与功能上的破坏。比如，地基结构上出现了不同程度的裂缝或者地基柱体发生了不同程度的倾斜，这将严重地影响地基的安全性与整个建筑物的质量，从而会影响建筑物的正常使用。

（3）如果地基的渗漏量过大，且超过了渗漏允许的最大值，或者说水力比超过了允许的最大值，那么地基会因为水量的过度流失而出现事故。

（4）地基土层受到自然灾害如地震或者大型机器、过往车辆震动等外力的作用时，会引发土质的液化，使得地基土不稳、陷落。

一般而言，前两种情况最为常见，这两种情况的出现多与地基土的种类有关，其中以下两类地基最易出现地基问题：①软弱地基；②不良地基。

二、最易产生地基问题的地基类型

（一）软弱地基

软弱地基多是淤泥质土、淤泥、杂填土、冲填土等土质地基。这些土质具有一些独特的特点。比如，压缩性比较大、强度比较低、透水性能较差等。软弱地基工程在构建的过程中强度增长得比较缓慢，但是变形速度却极快而且持续的时间会很长。软弱地基在施工过程中如果各个部分不均匀就极易导致地基沉降问题，进而给上层建筑的施工带来极大的安全隐患，比如，上层建筑出现不同程度的倾斜或者建筑工程出现破裂等，这影响到整个工程的质量与安全性。由于此种地基极易变形，因此在施工的过程中需要严把施工工艺，并做好施工管理工作。

（二）不良地基

不良地基在种类上呈现出多样性。我国广泛存在的膨胀土地基、湿陷性黄土地基、泥炭土地基、山区地基、土洞地基与岩溶地基都属于不良地基。以下我们以膨胀土地基和湿陷性黄土地基为例，对其特征进行详细的分析。

（1）膨胀土地基特性分析。膨胀土的矿物成分主要是蒙脱石，它具有很强的亲水性，吸水时体积就会膨胀，失水时体积就会缩小。由于膨胀土胀缩变形程度很大，因此膨胀土地基极易对建筑物造成损坏。一旦土质发生胀缩变形将会造成地基上层的建筑物成群开裂，而且开裂的程度会随着季节的变化呈现出胀大或缩小规律。膨胀土在我国的分布范围很广，如在河南、湖北、四川、陕西、河北、安徽、江苏等地均有不同范围的分布。

（2）湿陷性黄土地基特性分析。湿陷性黄土属于特殊土，是在上覆土层自重应力作用下，或者在自重应力和附加应力共同作用下，因浸水后结构被破坏而发生显著附加变形的土。湿陷性黄土分布在我国东北、西北、华中和华东的部分地区。湿陷性黄土又可以分为自重湿陷性黄土和非自重湿陷性黄土。用此种土搭建的地基一旦发生下沉，下沉的速度会很快，而且下沉数值也会很大，对建筑物会造成不同程度的损害。比如，建筑物下沉数值大，使得墙体出现裂缝并且裂缝数量也会快速地增多，在多雨季节，建筑物一旦遭到了雨水的侵袭就可能发生倾斜。为此，在湿陷性黄土地基上进行工程建设时，必须考虑因地基湿陷引起附加沉降对工程可能造成的损害，而选择适宜的地基处理方法，避免或消除地基的湿陷所造成的损害就显得尤为重要。

三、建筑地基问题处理办法

（一）针对软弱地基问题的处理办法

用软弱地基作为持力层时，为了保障地基的质量，在施工时需要遵循以下几个方面的规则。首先，如果软弱地基的土质是淤泥土或者淤泥，则应将土质上层覆盖率较好的土层作为持力层。如果覆盖率不好，则在施工的过程中要最大限度地避免扰动到淤泥土质。其次，在建筑施工过程中产生的均匀性、密实度较好的建筑垃圾和性能稳定的工业废料，也可以用来充当持力层。最后，为了保障土质层的质量，有机质含量高的生活垃圾和对地基具有侵蚀作用的工业废料不宜用来充当地基的持力层。软土地基具体的处理方法可以分为以下几种。

（1）水泥土桩复合地基要夯实。夯实水泥土桩需要足够的人力与机械设备，一般采用机械成孔，辅助人工进行操作，同时土质材料要统一，人们应按照一定的比例将土质材料和水泥进行配比，在机械孔外充分搅和拌匀后制作成水泥土，分层向机械孔内回填并进行强力的夯实，从而形成均匀的水泥土桩。在基础和桩顶之间加设一定厚度的褥垫层，桩、桩中间的土、褥垫层一起构成复合地基。在建筑施工过程中，夯实水泥土桩复合地基表现出施工快、施工效率高、造价低、桩身强度高且均匀无污染的特点。因此在软土地基施工中其得到了广泛的应用。

（2）水泥粉煤灰碎石柱复合地基。水泥粉煤灰碎石柱复合地基是由水泥、粉煤灰、碎石加上水搅拌合成的高黏结强度桩。在基础和桩顶之间加设一定厚度的褥垫层，使得桩、桩中间的土共同承载负荷，进而使得桩、桩间土和褥垫层一起构成复合地基。为了保证此种复合地基的承载力，桩端持力层的土层应该具有较高的承载力。水泥粉煤灰碎石柱复合地基不仅承载力大，而且变形小，在软土地基施工中得到了广泛的应用。

（二）针对不良地基问题的处理办法

在进行不良地基的处理时，施工人员需要将各方面的影响因素都充分地考虑进去。例如，不同的建设场地在岩土的工程条件和建筑物上部的荷载大小上存在着区别。为了保证施工技术的可靠性、施工成本的经济合理性以及施工方案的可行性，人们就需要将施工技术与施工成本进行综合的分析与比较，进而选择出一种或者多种切实可行的地基处理办法。

1. 湿陷性黄土地基的处理办法

（1）在厚度较小的湿陷性黄土建设场地上，地基处理办法会呈现出单一性。①如果湿陷性土层下的地层是砂砾石，人们可以应用回填法对地基进行处理。具体的操作方法：将上部的湿陷土层挖掉，将砂石或者碎石回填。②如果湿陷性土层下的地层承载力较差，人们可以利用桩基础穿透湿陷性土层，桩的端部要安插在可靠的地层中。③如果湿陷性土层较薄，而且在地层中有砂层或者砂卵石地层，那么人们可用预先制作好的桩穿透湿陷性土层，将桩的端部安插在砂层或者砂卵石地层上。

（2）在厚度较大的湿陷性黄土建设场地上，地基处理办法会呈现出多样性。人们可先用素土挤密桩去除湿陷性土质的黏性，再根据建筑物负载的大小有针对性地选择合适的方法对复合地基进行处理。如果建筑物的负载比较大或者在岩石工程条件下，那么人们可以运用钢筋混凝土灌注方法对复合型地基进行处理。如果建筑物的负载比较小，那么人们可以采用水泥粉煤灰碎石桩和素土挤密桩来处理地基。

2. 膨胀土地基的处理办法

在对膨胀土地基进行处理时，人们不仅需要处理好基础砌置深度与大气影响深度的关系，也需要根据地基土的具体构成采取不同的处理办法。基础砌置深度一般应该大于或者小于大气影响的深度。如果地基土上部是膨胀土且厚度较小，下部是非膨胀土，那么人们可以将基础的砌置放在非膨胀土以上；如果地基土上部是非膨胀土且厚度较大，下部是膨胀土，那么基础砌置不易深埋。在进行地基处理时如果需要对基础进行加深处理，那么应遵循一定的原则。比如，针对上部结构采取的措施要进行适当的减少，如果减少基础处理，则可以适当地增加上部结构的处理措施。同时，为了保证膨胀土地基的质量，人们需要处理好墩基和桩基上的地圈梁与地面之间的距离，最安全的脱空距离是10—20 cm。膨胀土具有亲水性，遇水就会发生不同程度的胀缩，为此需要完善膨胀土地基的排水系统，从而避免生活污水、生产废水与雨水浸入地基对地基造成严重的破坏。一旦膨胀土地基遭受水的侵蚀，上层建筑就会出现不同程度的开裂，为此，人们需要强化上层建筑的承载力，且需要做好上层建筑的保湿工作，最大限度地减少膨胀土地基对上层建筑的影响。

（三）不均匀地基的处理方法

1. 桩基础处理

桩基础一般采用的是灌注桩、爆扩桩，打入桩穿过软弱土层，在坚硬土、石层上形成基础支撑，建筑物从而达到设计标准的沉降差，此法能节约人力、物资和时间，同时能最大限度地减少地基处理和土方基坑开挖。山地在建设高大、重要建筑物时地基处理常常会采用这种方法。需要注意的是，山地建筑采用挖孔桩方案时，对于局部基岩埋深较浅处的桩（桩长不大于 5 m、直径不小于 800 mm 的情况），可按墩基进行设计。

2. 强夯处理

位于山坡地貌的工程场地，常需要大面积大厚度填土，填土最深达十几、二十几米的情况并不少见，且往往回填厚度和均匀性差异很大。如果考虑做浅基础形式，可采用强夯法进行地基加固处理，并针对不同厚度的地段制定相应的夯击参数进行夯击施工，以达到提高填土地基承载力和回填场地均匀性的目的。强夯法加固效果显著、施工简单、质量易控制，在成本上优于桩基处理办法，在效果上优于振冲或碾压。另外值得一提的是，对于强夯场地边缘由于存在侧向约束弱、加固效果差的特点，雨季施工时，应注意做好护坡工作，以防止土体滑移。

3. 换土

换土主要采用人工换填的形式，可以是软换硬，或者是硬换软，换土能解决整个建筑不均匀沉降的问题。如果在一个建筑场地内，硬地基较少，软地基较多，则应该采用以软换硬的换土法。即将坚硬岩石或者坚硬土凿去一部分，填换可压缩性土，从而与软弱部分地基相协调。如果软地基较少，硬地基较多，则应该采用以硬换软的换土法，即处理软弱部分地基，将其加固使之与硬土部分相适应。例如，局部遇泥塘或水沟时，一般多用此方法处理，步骤为抽水→

清除软土→分层夯实换填材料至设计标高，其处理后的地基承载力和变形一般可满足多层建筑荷载的设计要求。

4. 梁板跨越软弱土层区

此方法采用的情况较少。在可溶性岩石（主要是白云岩、石灰岩）分布的地区，当有溶洞、土洞、溶蚀裂隙等存在时，洞口较小的洞隙，宜采用镶补嵌塞、跨盖等方法处理；洞口较大的洞隙，宜采用梁拱、板等结构跨越方法处理（但要注意跨越结构应有可靠的支承面，梁式结构在岩石上的支承长度应大于梁高的1.5倍），也可采用浆砌块石、水撼法灌砂等堵塞措施。对于围岩不稳定、风化裂隙破碎的岩体，可采用清爆填塞和灌浆加固等措施。对于规模较大的洞隙，可采用直接在洞底进行支承或通过调整柱距等方法处理。

5. 复合地基处理

复合地基可以采用沉降控制设计，也可采用承载力控制设计。沉降控制设计的思路是先按沉降控制要求进行设计，然后验算地基承载力是否满足要求。在沉降满足要求的条件下，承载力一般情况下能满足要求。如果承载力不能满足要求，则应适当增加复合地基置换率或增长桩体长度，使承载力也满足要求。工程上经常会遇到这种情况，采用浅基础承载力可以满足要求，而沉降量超过标准不能满足要求，于是采用设置复合地基的方法以达到减小沉降满足要求的目的。承载力控制设计的思路是先满足地基承载力要求，再验算沉降是否满足要求。若沉降不能满足要求，则考虑提高地基承载力，再验算沉降是否满足要求。如果沉降还不能满足要求，再提高地基承载力，验算沉降是否满足要求，直至两者均满足要求为止。

复合地基的桩型要根据设计情况选择，应该具体问题具体分析。

（1）以建筑垃圾（无大体积混凝土梁板、无生活垃圾）为主的杂填土地基。当坑底土较好、坑底标高变化不大、坑底土和填土之间无淤泥时，填土在自重下已经稳定，不存在填土湿陷问题。当建筑物基础全部在填土上，建筑物荷载比较均匀、荷载水平不高时，可选择置换率较大的振冲碎石桩复合地基、柱锤夯扩桩复合地基或复合载体桩复合地基，若周围环境允许也可采用强夯或强夯置换复合地基。

（2）含淤泥、淤泥质土的不均匀地基。首先要看能否采用碎石桩或搅拌水泥土桩，碎石桩属散体桩，置换能力很弱，靠桩间土的侧向约束传递垂直荷载。如果搅拌水泥土桩不可行，则可采用刚性桩方案。刚性桩的桩体材料与原土无关，全桩长由同一材料组成，桩体强度高传递垂直荷载的能力强。

（3）可液化地基桩型选择。含有可液化的粉土、粉砂层等的山地地基可采用强夯法处理，也可用桩基法处理，但用得比较多的是碎石桩法，碎石桩按施工工艺又可分为振动沉管挤密碎石桩和振冲碎石桩。

（四）设计对策

1. 平面控制

建筑的平面形状应力求简单、规则整齐，尽量避免形状复杂、拐角太多、建筑物有显著的高差或荷载差异。在软土地区建筑物发生的裂缝事故，往往是高度或荷载有差异的建筑物多见，尤其是高、低或轻、重单元连成一体未设置沉降缝时易发生。

2. 合理设置沉降缝

多层住宅的长度应该控制在 55 m 以内，长度较大的住宅，应在适当部位设置沉降缝。对于平面图形复杂或有层高高差及荷载显著不同的，要在其转折处、层高高差处或者荷载显著不同的部位设置沉降缝，在地基土的压缩性有显著不同处或地基处理方法不同处也需设置沉降缝。

3. 减轻建筑物自重

减轻建筑物自重可以减少基底压力，能有效减轻建筑物不均匀沉降问题。实际中可采用轻质材料，如多孔砖墙或其他轻质墙体；选用轻型结构，如轻钢结构、预应力钢筋混凝土结构以及各种轻型空间结构；选用自重较轻、覆土较少的基础形式，如浅埋的宽基础，有半地下室、地下室的基础或者室内地面架空地坪等。建筑物荷载会使建筑物地基土产生压缩变形，由于基底压力扩散的影响，相邻范围内的土层也会产生压缩变形。

4. 加强墙体的薄弱部位

墙体除了要按正常的抗震要求加固外，还应在开有门窗等洞口的砖墙上加固。所以，外墙墙身整体性不好，则其刚度被削弱，基础会发生不均匀沉降，从而导致房屋挠曲，由于砖墙抗拉强度低，因此房屋就会产生裂缝。人们应该在底层窗台下配置一定的钢筋，并用一定标准的水泥砂浆砌筑，使其与地梁共同作用，以提高窗台下墙体的刚度，防止砖墙开裂。

5. 专用水准点和沉降观测点要符合设计标准

主体结构施工阶段，每个结构层沉降观测不少于一月一次；主体结构封顶后，沉降观测两个月不少于一次。监理单位必须进行检查复测，并将检查复测结果列入工程质量评估内容中，平时也要加强沉降观测。

总之，为了避免建筑地基中常见的问题影响到地基的稳固性与建筑的整体质量，施工方需要结合施工地的具体情况，制定出适宜的地基施工方案并采取适宜的地基处理措施，来指导地基建设工作的顺利进行。

第二节　场地地震安全性评价问题及处理

工程场地的地震地质灾害评价对于场地的适宜性具有非常重要的作用，有时候能够起到一票否决的作用。因此，设计人员需要高度重视工程场地地震安全性评价的结果。但是从当前地震安全评价报告的应用情况来看，有部分项目在野外调查方面存在不足，如材料无法满足要求、论证过于简单等问题对于保证工程结构抗震设计质量存在较大的影响。因此人们需要充分重视这一问题，尽可能提高工程场地地震地质灾害安全评价的水平。

地震安全性评价是以震源特征、传播方式及地质条件为研究基础，通过调查和研究统计区内的地震构造、地震地质和地震活动性等特征，根据实际工程的需要来分析地震产生的原因和未来发展的规律，并对地震发生后的传播、衰减和场地地震效应的规律进行研究的。其主要目的是为工程建筑物的结构抗震设计提供科学依据。地震安全性评价工作主要是通过对工程场地区域的地震地质环境进行调查，研究地震的发生规律及发生后的地震效应，最后计算获得工程场地建筑设备的抗震设防所需要的地震烈度、地震动参数、设计反应谱、人工合成地震动时程等相关参数的。

一、工程场地地震安全性评价工作存在的问题

（一）工程场地现场考察工作有待加强

在地震安全性评价工作中，独立调查的第一手新资料比较少，特别是部分工作人员对近场区及工程场地的周围没有进行深入的、有针对性的地质调查，只是简单地复制拷贝前人报告中的资料，缺少必要的现场考察认证，或对工程场地及其附近断层的最新活动时代的鉴定认证不充分。对工程场地钻孔布设和钻孔深度的确定比较盲目，布设的钻孔不能全面有效地控制整个工程场地。所选用的物探方法不合理，物化探测线不能有效地控制整个工程场地，技术方法不够科学，确定场地是否存在断裂以及断裂位置、产状、活动性等的依据不充分。土层试验样品的采集和剪切波速测试等的工作方案也制定得不合理。

（二）场地钻探工作质量不达标

工程场地地质钻探获得的资料是了解和掌握场地地震工程地质条件、判别工程场地类别、分析确定场地地震动参数和评价场地地震地质灾害的重要依据。地球物理测井以及现场编录的质量等都会对钻探的效果产生直接影响。从部分工程场地地震安全评价报告中能够看出，由于以上环节把关不足、缺乏责任心，导致底层描述缺乏准确性，钻探的基础数据难以达到要求，进而导致无法划分地层的时代和延性，这为后续的分析和解释工作带来了极大的困难，报告质量也受到极大的影响。

（三）评价报告基础资料的完整性、准确性、一致性问题

地震安全性评价报告中的地震目录、地震构造图、地质图等基础资料是地震安全性评价的基础，其完整性、准确性和一致性直接影响地震安全性评价结果的科学性和合理性。有的报告的地震目录的收集比较随意，收集者对收集到的目录不加甄别、不加分析、不加选择、不加完善、不加认证而直接使用，这使得地震时空分布特征的分析、未来地震趋势的预测、工程场地所遭受的历史地震影响等出现偏差。还有的报告中出现材料和结论不一致、图标和文字不一致、前后描述相互矛盾等情况。

（四）评价报告的针对性、合理性和适用性问题

地震安全性评价报告中提供的设计地震动参数和设计谱等是建设部门进行工程抗震设计的依据，有的报告中所确定的设计地震动参数过于随意，不能针对工程的不同性质、不同用途、不同高度、不同结构类型、不同阻尼比和使用不同建筑材料等问题，提供符合相关规范和工程特性的合理的地震动参数。有的报告提供的地震动参数与全国地震动参数区划图和工程所在地的小区划结果缺少必要的衔接，与相邻工程场地的地震安全性评价结果也不相互协调和衔接。

二、工程场地地震安全性评价问题处理建议

当前，工程场地地震安全性评价工作中存在的问题，对工程结构抗震性的设计产生了较大的影响，极大地影响了工程结构的安全性和稳定性。对此，我们需要将工程场地地震安全性评价工作作为一项系统工程，环环相扣地推进这项为国为民的工作，下面针对当前工程场地地震安全性评价存在的问题提出了一些建议。

（一）保证完成安全评价工作所必需的工作时间和经费

这里我们需要进一步提高工程场地地震安全性评价的质量，加强宣传贯彻工作，将宣传贯彻工作列为工程场地地震安全性评价工作从业人员再教育的重点内容之一。同时主管部门也应制定出相应的技术标准来规范资料收集、现场考察、不同类工程的钻孔布设、钻孔剪切波速测试、工程场地地球物理探测、工程场地活动断层鉴定及原始资料存档等各阶段的工作，同时也应通过各种方式，对从事安全评价工作的人员定期进行培训和考核，从而提高其执业水平。

另外，发达地区的省级地震局常常因为接受安评任务非常多而出现安排工期短与经费不足以圆满完成任务的情况。解决这个问题的关键是坚持“百年大计，质量第一”的方针，做好统筹兼顾，在本单位任务过重、力有不逮的情况下，引入外力，加强兄弟地震机构之间的合作与协作。

（二）不断提高并保证安全评价队伍的综合素质

不同工程场地的地震安全评价工作级别不同，针对不同级别的安全评价工作，必须由同等级的机构和安全评价队伍负责。这一规定非常有必要，应该严格执行。从当前的部分安全评价报告来看，安全评价报告的质量往往与技术负责人的水平存在直接关系，当然担任地质、地震评价等几个方面的第二层次负责人的专业水平也非常重要。因此，承担安全评价工作的单位应该组织好评价队伍，加强对技术人员的专业培训，保证安全评价队伍具有较高的综合素质，从而确保安全评价工作的最终质量。

（三）严格把关成果报告的评审

成果报告评审工作是工程场地地震安全性评价工作的最后关口，一定不能只是走形式。相关单位应对所提交的地震安全性评价报告进行形式审查：主要审查完成报告的单位是否符合资质要求，项目技术负责人及各专业技术负责人是否符合要求，报告的主要章节和内容是否齐全等。通过形式审查的报告才可以提交给安全评价单位进行评审。评审专家应对报告中论证不当、材料不充分、图标文字不一致等问题提出书面意见，并将其返回原单位，由项目组对评审专家提出的意见逐条修改，修改之后再由主审专家进行评审。只有通过认真的评审，才能保证安全评价工作的质量。

除了以上提出的几点问题外，现实中还存在较多的安全评价相关问题，这些问题对工程场地地震安全性评价工作作用的发挥具有较大的阻碍作用，对此，我们需要有针对性地采取应对措施，全面提高工程场地地震安全评价工作的质量，从而为工程结构的抗震设计提供真实、可靠的依据。

第三节　斜山坡上的多层建筑结构设计常见问题及处理

城市化的不断发展使得城市规模在不断扩大，由此引发了城市用地紧张的问题。在一些城市的规划建设中，由于平原用地十分稀少，所以建筑大都选择在低矮山坡上进行。具体分析平原建筑施工和山坡建筑施工发现，山坡建筑施工的承重、荷载和平原区域的有着明显的不同，所以在相同结构的建筑施工中，山坡区域的建筑设计要求更高，具体的操作难度更大。为了改善山坡施工环境，基础处理必须进行强化，具体的建筑施工也需要做结构设计的综合化和细致化分析。简而言之，在斜山坡进行多层建筑施工，无论是结构设计还是基础处理都必须实现专业化和科学化，所以分析这方面的具体内容现实意义显著。

一、斜山坡上多层建筑结构设计分析

在进行多层建筑结构的设计时，首先要对斜山坡的场地情况进行了解和处理，然后再进行挡土墙和上部结构的设计。所以，斜山坡上的多层建筑结构设计需要分为两个阶段进行，其具体内容如下。

（一）斜山坡场地情况分析

1. 斜山坡场地情况分析

首先，对斜山坡的整体稳定性进行分析，主要通过勘察斜山坡的土体情况，分析其土层的组成，进而计算其在受到建筑物荷载、地震作用等外部荷载后，土体的稳定性情况，得到土体滑坡值的范围。

其次，对斜山坡的局部稳定性进行分析，主要是分析多级台阶的挖、填土施工过程是否会使斜山坡土体原有的稳定结构被破坏，局部土体中是否有风化土夹层受外部荷载或者水影响，斜山坡中是否有溶洞、溶蚀或风化严重的基岩以及地表下土洞等。

最后，对地基基础的稳定性进行分析，计算斜山坡多层建筑物的地基是否能够承载建筑物的自重，其沉降值是否低于建筑物正常使用时的限值等。

2. 斜山坡场地的稳定性问题处理措施

许多稳定性问题在斜山坡中是同时存在的，彼此之间有着密切的联系，在处理时，要综合考虑，具体处理措施如下。

首先，为保证地基原有稳定性不被破坏，在设计标高和台阶时，就要尽量顺着地形的坡度来设计，并考虑最少的土方开挖和回填量，且不能对基岩的顺层产生破坏，要降低临空陡坎出现的概率，从而避免场地整体滑移问题的发生。

其次，利用人工孔桩来加强地基的局部稳定性。在设置人工孔桩时，要保证桩体的末端位于完整基岩中，其嵌入的深度不小于 0.5 m，并保证所有的上部荷载作用于稳定的基层。

最后，采取适当的措施来对不稳定基层进行加固，如通过插入锚杆来连接破碎层和稳定层，使其重新成为稳定的整体；或者可以通过排水措施，来避免地下水、地表水给不稳定基层造成的进一步侵蚀。

（二）斜山坡多层建筑挡土墙和上部结构设计分析

1. 挡土墙的设计分析

挡土墙对多层建筑上部结构的稳定有着重要影响，因此，设计人员必须保证挡土墙设计的合理性。

首先，挡土墙的设计要与场地情况相适应，不同的斜山坡在地基的稳定性、土层的构成等方面都会存在着不同程度的差异，固定的挡土墙设计模式无法适用于所有的斜山坡，设计人员应根据斜山坡实际情况对挡土墙构造、受力点等进行设计，只有这样才能保证挡土墙性能满足多层建筑的要求。

其次，在设计挡土墙时，要保证其在刚度上满足相应标准，受到土体的压力后，墙体自身不会出现转动或移动；同时，因为挡土墙不能作为多层建筑的支撑体，所以它要避开建筑物的柱或墙体；另外，多层建筑的地下室位于挡土墙的内部，如果将泄水孔设置在地下室内，就会给挡土墙结构造成破坏，因此，要设置专门的排水盲沟，将水沿着挡土墙顺坡引入外侧的边沟中。

2. 上部结构的设计分析

斜山坡上的建筑物前后部位的高度差、层次上都会有着较大的差别，地基不均匀容易使建筑物出现裂缝、倾斜等问题，同时，地基又容易受建筑物水平荷载、地震作用等因素的影响，地基问题又容易导致建筑物出现局部的稳定性变化或者滑坡等问题。因此，在设计上部结构时，需要充分考虑这些问题，做出针对性的设计。

首先，加强上部结构整体性设计，通过在建筑开间的部位设计合适的框架柱，来使多层建筑的结构变为纵横向交叉的空间结构。利用现浇楼面的方法，来使结构在水平方向上的整体性得到增强；同时，还可以在窗台、门窗洞顶等位置设置连续拉梁，在空心砖砌墙内加入钢筋混凝土柱，来提高多层建筑各个部位之间的连接性，达到改善上部结构抗变形能力的目的。

其次，注意上部结构与地基之间的协调性设计。为降低建筑不均匀沉降问题，可以通过设置桩基础的方式来进行控制，其措施有以下两个。①对桩基础的密度进行适当调整，以提高桩体在水平方向对滑坡问题的抵抗能力。②通过连系梁将建筑物下的人工孔桩连接成一个整体，将影响建筑物稳定性的水平荷载力、地震作用力等分布到多个桩基础上，如此一来，即使桩基础中有个别桩发生损坏，也不会对整个建筑物的稳定性产生较大影响。

再次，在上部结构中加入变形缝。在斜山坡的多层建筑中，有许多部位会存在较大的高度差变化，这些部位在遇到外力作用时，极容易出现裂缝等问题，从而给建筑物的稳定性造成威胁。针对此问题，人们可以在这些部位加入变形缝，提高其对温度变化、地震作用等不利影响的抵抗能力，从而提升建筑物结构的稳定。

最后，在建设过程中应及时进行变形检测。结构设计只是理论上的完善，在实际建设过程中，存在着许多不可控的、可能给建筑结构造成不利影响的因素。因此，我们还需要通过对多层建筑的变形进行检测，及时了解施工中的地基沉降、滑移等变化情况，从而根据检测的结果对建筑结构进行针对性调整，确保建筑结构的稳定和安全。

二、斜山坡多层建筑的基础处理

（一）斜山坡多层建筑的基础设计分析与处理

1. 基础设计分析

在斜山坡多层建筑施工的基础处理中，首先要做的工作是基础的分析。基础分析包括以下两个方面。

（1）地质分析。从多层建筑的施工实践来看，地质结构的稳定是建筑结构稳定的保障，所以我们需要对具体区域的地质运动以及土层结构进行分析，这样可以更好地判断区域土壤结构的工程性。

（2）环境分析。区域降水以及一些频繁发生的灾害（地质灾害、气象灾害）会影响建筑的稳定性，所以在基础分析中，我们需要对环境要素进行分析，这样在具体的设计中可以做到趋利避害。

2. 基础设计和处理

在基础分析的前提下，利用分析所得的资料和信息做设计和处理是斜山坡基础处理所坚持的重要原则。就设计处理来讲，如果是区域存在着较为明显的地质运动，那么在设计中需要强调建筑的抗震性；如果是区域土壤的湿度比较大，那么在进行具体结构设计的时候，需要将建筑结构的防潮等级做相应的提升。总而言之，基础设计和处理需要在具体的资料分析的基础上进行，这样，设计的合理性会更加显著。

（二）斜山坡多层建筑结构设计的具体内容

从当前的斜山坡多层建筑结构设计分析来看，其中包含的内容比较丰富，只有对这些内容和设计都进行强化，其整体设计效果提升的目的才能够实现。

1. 地基荷载

斜山坡多层建筑结构设计中，地基的荷载是需要设计的重要内容。从对地基荷载的具体分析来看，其要满足以下两方面的要求。

（1）要保证荷载实现水平上的均衡。斜山坡上建筑的地基的水平荷载是不均匀的，这会导致建筑结构的承压向某一面或者某一点倾斜，而这种状况容易导致结构垮塌问题，所以在具体设计的时候需要对水平地基的荷载进行处理，使其能够实现水平均衡的目的。

（2）荷载要实现垂直方向上的增强。由于地基荷载在多层建筑结构中所受的力是很大的，因此我们需要对其竖向的受力能力进行强化，这样可以避免地基荷载过大而产生裂缝。

2. 各个结构层的承重

在斜山坡多层建筑结构设计中，各个结构层的承重设计也是重要的内容。从一些具体的分析来看，多层建筑结构的受力层主要分为以下三部分。

（1）上部受力层。上部受力层的承重是最小的，所以在具体设计的时候只需要对具体承重做计算。

（2）中部结构。中部结构既要支承上部结构，又会对下部结构造成压力，因此在对中部结构进行设计的时候要选择结构刚度和强度比较大、质地较强的材料。

（3）下部结构。下部结构支承整个建筑，其承重最为明显，所以在具体设计的时候，结构密度要做合适的调整。

总而言之，如果对各个结构层的承重都做分析设计，那么设计的合理性会更加突出。

（三）常见的斜山坡基础处理措施

在近些年的斜山坡多层建筑施工中，常用的基础处理措施主要有柱下独立基础、条形基础和筏形基础三种。这三种基础处理措施都能够提高地基的承载能力，且不会给地基造成较大的反力。但它们各自也有弊端：柱下独立基础和条形基础在防水性上存在着先天不足，对有地下室的多层建筑无法适用；梁板式筏形基础虽然满足了防水性的要求，但在变形值控制上仅能在理论上符合，在实际施工中经常出现较大的误差，这给多层建筑的安全造成隐患。

（四）人工挖孔灌注桩

桩基础是一种应用较为普遍的基础处理方法，根据其桩孔施工方式可以分为钻孔灌注桩和人工挖孔灌注桩两种。由于斜山坡基础中地质条件较为复杂，有许多岩土层并不适合作为桩基础的持力层，还有地质较为松散、容易出现滚石等问题，这就给钻孔灌注桩方式造成了限制。因此在实际施工中，人工挖孔灌注桩应用较多。

人工挖孔灌注桩施工过程中，要以实际层位控制为准，保证桩长能够符合承载力标准。在挖孔过程中，要以钢筋混凝土制成护壁，爆破孔的选择要遵循冲击波较小且对周边环境影响不大的原则，并在孔口处采取有效的预防碎渣措施，以提高施工的安全性。

在斜山坡上建设多层建筑是当前建筑行业发展的必然趋势，以后斜山坡上的多层建筑规模和数量还会不断增加，所以加强对斜山坡上的多层建筑结构设计和基础处理的研究有着十分重要的现实意义。在结构设计前，首先要对斜山坡的实际情况进行仔细调查，分析其中存在的问题，为后期的挡土墙设计和上部结构设计提供有效的数据支持，同时要通过合理的处理措施提高基础的稳定性，从而为斜山坡上多层建筑物的安全提供保障。

（五）斜山坡多层建筑结构设计和基础处理效果提升的措施

斜山坡多层建筑结构设计和基础处理效果要想取得普遍性的提升，就需要从具体的施工实践进行资料的总结和分析，这样各方面的考虑才会更加完善。以下就是根据资料总结的提高斜山坡多层建筑结构设计和基础处理效果的措施。

1. 多角度把握稳定性影响因素

从具体的分析来看，多角度地把握稳定性影响因素，建筑结构设计和基础处理效果会有明显的提升。所谓的多角度主要指以下三个方面。

（1）地质稳定角度。斜山坡的地质结构存在着明显的受力差异性，所以其在受到外界干扰的时候，原有的结构容易受到破坏，基于这种情况，在基础处理的时候人们需要分析斜山坡结构不平衡现象，从而利用工程措施对原有的结构做改变，进而保证其受力的平衡。

（2）环境稳定角度。从具体的设计来看，建筑设计需要能够对抗环境中的不利因素，如大风、地震等，所以在进行具体设计的时候人们需要对区域环境做调查分析，并要在环境基础上做针对性的设计。

（3）承重稳定性角度。多层建筑存在的明显特点是下部的承重要高于上部的，因此在设计的时候，下部的承重密度以及所需要的材料性能都要优于上部的，这样，多层结构才不会出现头重脚轻的现象。

总而言之，只有做好上述三方面的稳定性分析，多层建筑结构的安全性才会得到明显的提升。

2. 强化设计分析和计算

强化设计分析和计算也是斜山坡多层结构建筑设计和基础处理效果提升的主要策略。就基础处理来讲，主要是斜山坡的土壤结构在空间上存在着不稳定性，因此在具体设计的时候需要强调其结构的稳定性。从具体实践来看，斜山坡的基础处理大都采用桩柱做地基固化，但是桩柱的密度会影响具体的受力结构，所以人们需要通过准确地计算将桩柱的密度以及分布范围确定，这样，地基处理的效果会大大提升。另外，在多层建筑结构的设计中，基础承重、下部结构承重、上部结构承重以及拐角受力等都是需要重点考虑的因素，所以在具体的设计中，强化分析和计算有助于对各个部分的承重、荷载等做更加精确的设计。有了精确的数据计算，设计上的误差会明显减少，建筑设计质量会得到全面提升。

3. 人员专业性的强调

在具体的多层结构设计和基础处理效果强化中，第三项重要的措施是进行人员专业性的提升。从实践分析来看，无论是做基础的处理设计，还是做多层结构设计，设计人员都需要有专业的设计理念和方法，如果在设计中人员的专业性出了问题，那么设计误差等便在所难免。所以在进行具体设计的时候，一方面要对设计人员的具体专业能力进行鉴定，另一方面要做好人员设计方案的鉴定，前者的目的是要提高方案设计的基础质量，而后者则是要对方案进行优化。所以说无论是从设计质量的角度进行考虑还是从设计优化的角度进行考虑，人员的专业性都是必须重视的内容。

斜山坡上多层建筑的基础处理对于建筑本身的稳定性有着重要的影响，所以对基础处理的具体内容进行分析和讨论，可以为设计实践工作提供参考，进而提升设计工作的实效。

第五章　山地建筑结构设计实例

第一节　掉层结构设计实例

掉层结构指最高接地点以下按层高设置楼面的接地结构，利用了坡地高差处的空间。该类结构需要研究的特殊问题包括计算分析模型的确定、抗震性能分析、抗震性能控制指标及抗震措施等。掉层结构是常用和常见的具有代表性的山地建筑结构，本节的研究对象即是掉层结构。

一、掉层结构在山地建筑结构中的应用

从建筑学的角度来讲，掉层指建筑不同部分的底界面相差高度等于建筑的层高或层高的倍数，内部空间特征是楼面平而地面不平，俗称“天平地不平”。当山地地形高低悬殊不大时，为了减少对倾斜地形的改变，人们可以对山地地形做很小的修整，也可以对建筑的底面加以调节，当山地地形高低悬殊，建筑内部的接地面高差达到一层或以上时，就可以设计成掉层建筑结构。掉层建筑一般适应坡度为 30% ～ 60% 的地形。掉层的基本形式有纵向掉层、横向掉层和局部掉层三种。当建筑布置垂直等高线时，其出现的掉层就是纵向掉层。纵向掉层的山地建筑跨越等高线较多，其底部常以阶梯的形式顺坡掉落。适合面东或面西的山坡，掉层部分均有较好的采光通风状况。横向掉层的建筑，多沿等高线布置，其掉层部分只有一面可以开窗，采光和通风状况都会受到影响。局部掉层的建筑在平面布置和使用上都较特殊，一般在复杂地形或建筑形体多变时采用。

从结构层面来说，在山地城市建设房屋，如果遇到山地就挖山填壑，这样不仅使工程费用增大，而且开挖后可能会引发关于交通、环境、地质灾害等方

面的一系列问题，带来诸多安全隐患。因此，依山而建、充分利用山地地形的山地建筑结构的存在是客观和必然的。

掉层式山地建筑结构是山地建筑结构中常见的一种结构形式，与平地上的普通结构的最大区别在于其部分结构位于陡坎上部，部分位于陡坎下部，存在着上、下两个接地面。掉层结构给人的直观感受便是下小上大，存在着严重的竖向不规则。然而事实远不止如此，掉层结构无论从荷载与作用、分析模型、控制指标上，都存在着有别于平地上普通结构的特殊问题，这些问题给实际工程设计带来了一定的困难。

二、研究的目的和意义

（一）研究的目的

系统归纳掉层结构的特殊性问题，总结其在工程设计中存在的问题；结合掉层结构设计特点解决实际工程设计中的建模问题，现行竖向不规则控制指标对于掉层结构的适用性问题以及刚度分布规律对其抗震性能的影响规律问题；为掉层结构的抗震分析和抗震设计提供方法和理论基础，为制定我国第一本《山地建筑结构设计规程》提供一定的理论依据。

（二）研究的意义

随着土地资源的匮乏，城市的扩张逐渐延伸到山区，加之人们环保意识的提高和对自然环境相适应的人居环境要求的提高，山地建筑必将日益增多，随之而来的各种山地建筑结构必将应运而生。作为山地城市的优美风景线，掉层结构具有保持山地原有生态、与山地环境相协调等特点，同时也合理利用了有限的城市建筑空间，从而越来越受人们青睐，具有广阔的应用前景。

虽然国内外不乏山地城市，但有针对性的研究还少见，目前我们对山地建筑结构设计具有指导意义的研究成果还很少，更谈不上有关掉层结构的专项研究或是相关的设计规程和规范，理论研究明显滞后于工程实践的需要。设计人员只能按一般结构根据经验进行设计，当遇到掉层结构的特殊问题时经常无所适从，致使建筑可能存在安全隐患。因此，我们迫切需要根据掉层结构的特点，归纳、梳理和总结现有的研究成果和成功设计经验，并对这一过程中遇到的问题提出对策和解决办法。

（三）国内外研究现状

我国关于山地建筑结构的研究相对较少，国外关于山地建筑的研究主要集中在对单体建筑的设计理念上，但也未形成一套完整的理论体系。从结构角度，山地建筑结构严重不规则性和坡（台）地地基的复杂性决定了掉层结构地震响应的复杂性和抗震设计的特殊性。而目前直接针对掉层结构的抗震研究相对较少，相关的一些研究成果间接反映了掉层结构特点，对山地建筑结构抗震关键问题的研究具有一定的借鉴作用。

三、某带下掉层坡地建筑结构设计

随着城市建筑用地逐渐紧张和绿色建筑概念被广泛推广，坡地建筑逐渐成为一种趋势。但大多数坡地建筑由于场地的高低变化，结构嵌固端存在多个平面，从而底部竖向构件约束不在同一水平面上，结构呈现明显的不规则性。同时，建筑四周土体不均衡、边坡对结构安全的影响、地基的不均匀性等都给结构带来安全隐患。

因此，在设计过程中应对以上问题予以重视，结构宜均匀布置，模拟计算应选择符合实际的力学模型。下面结合具体的工程实例，通过概念设计和受力分析对某带下掉层坡地建筑结构设计进行探讨，并对相关问题提出解决方案。

（一）工程概况

某山地工程为 4 层框架结构，建筑高度为 17.8 m。拟建场地位于西藏昌都市察雅县，根据《建筑抗震设计规范（附条文说明）（2016 年版）》（GB 50011－2010）的规定，拟建场地抗震设防烈度为 7 度，地震加速度为 0.15g，地震分组为第三组，场地类别为Ⅱ类，抗震设防类别为重点设防，抗震等级为二级。拟建场地位于麦曲河右侧阶地地带，未出现滑坡、崩塌、泥石流等地质灾害，根据地勘报告，建议以第二层粉质黏土层为持力层，拟采用独立基础。建筑剖面示意图如图 5-1 所示。

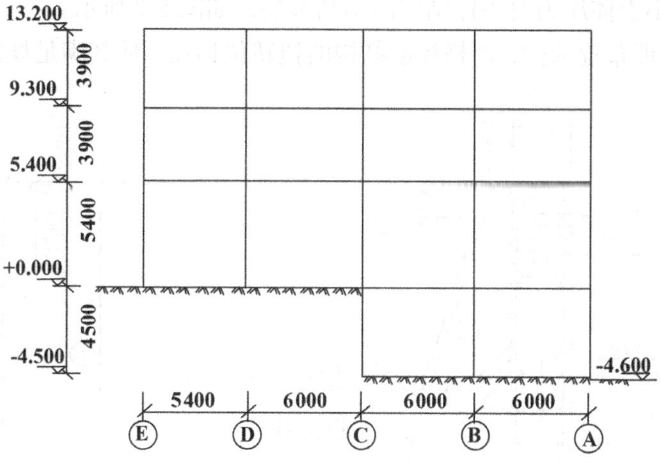

图 5-1　建筑剖面示意图

（二）抗震概念设计

坡地建筑建造在抗震不利地段时，根据《建筑抗震设计规范（附条文说明）（2016 年版）》（GB50011—2010）规定，应估计不利地段对设计地震动参数可能产生的放大作用，其水平地震影响系数最大值应乘以 1.1 ～ 1.6 的增大系数。该工程根据规范公式 $\lambda=1+\xi\times\alpha$，求得 $\lambda=1.20$，水平力影响系数最大值为 $0.12\times1.20=0.144$，故该工程地震影响系数最大值取 0.14。

汶川大地震震害表明，坡地建筑中的掉层结构和吊脚结构震害严重，主要由于结构竖向构件不连续造成质心偏置，结构在地震作用下扭转效应明显，极易在结构底部形成薄弱层，若不采取措施，将会对建筑造成严重破坏。故该工程应采取以下有效措施。

（1）± 0.000 m 标高设置梁板，板厚取 160 mm，形成数倍于上部的刚度，对上部结构有一定的约束作用。楼板采取双层双向拉通配筋，并满足每层每个方向的配筋率不小于 0.25%。同时，基础面标高设置基础梁，在 ± 0.000 m 标高和基础面共形成两层刚度。

（2）加大掉层柱断面尺寸，掉层柱配筋不小于上一层柱对应纵向钢筋的 1.1 倍，并对下掉层柱箍筋加密。若结构中有穿层柱，应加大穿层柱截面，穿层柱纵筋应贯穿，箍筋全高加密。

（3）主体结构不宜兼作挡土墙。当主体结构兼作挡土墙的时候，在土体一侧挡土墙垂直方向设置钢筋混凝土肋墙，肋墙间距≤ 3 m，与挡土墙同高，肋墙厚度为 300 mm，梯形肋墙底部长度为 1 200 mm，上部长度为 100 mm。

肋墙用于减小土体压力对主体结构的不利影响，如图 5-2 所示。

（4）合理布置结构，严格控制结构的扭转位移比，使其满足规范的要求。

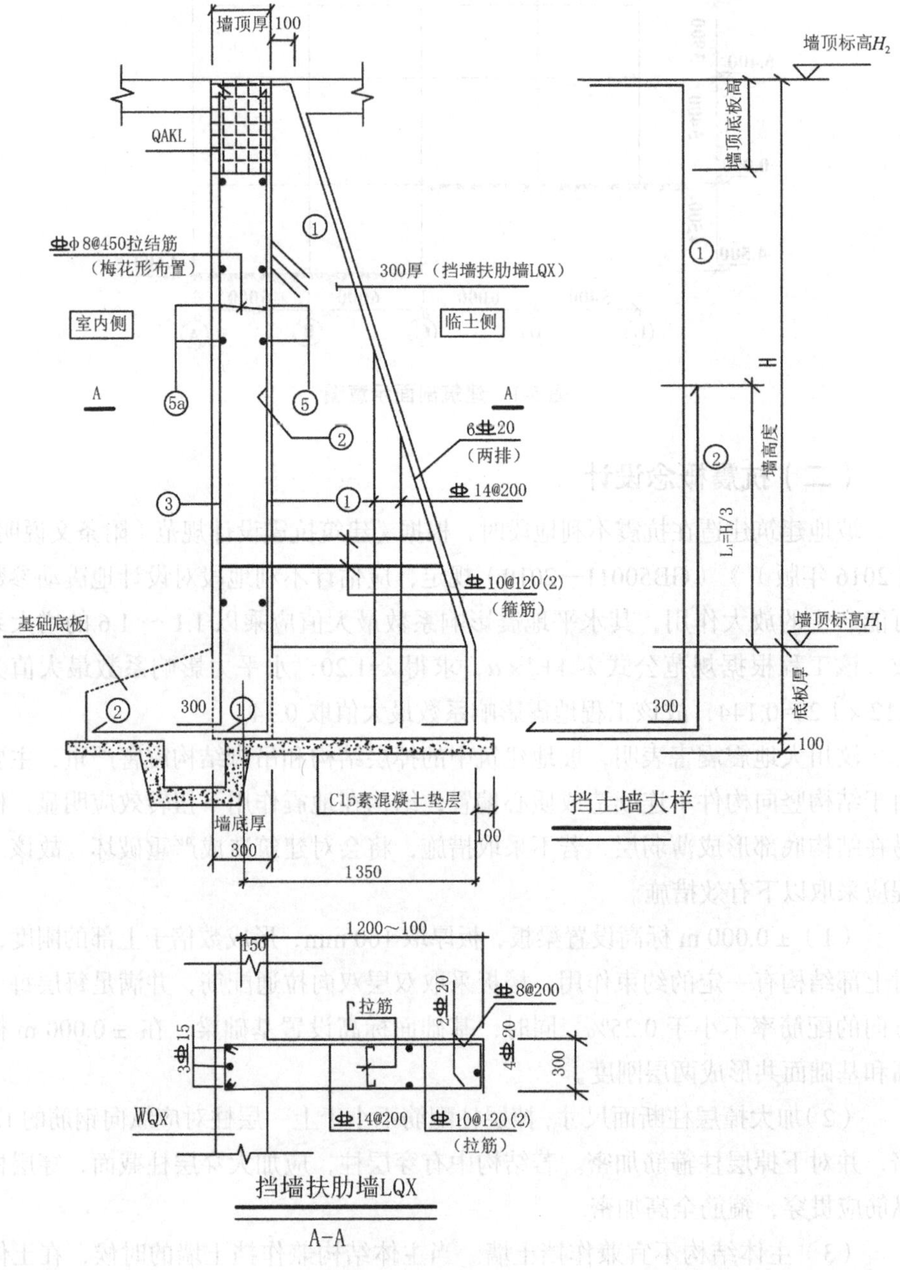

图 5-2　肋墙大样图

（三）结构计算嵌固端设置

带下掉层坡地建筑的结构设计与普通建筑的结构设计均应保证基础嵌固条件的有效性，嵌固端必须能够限制上部结构的滑移并能够传递上部结构的水平力。该工程为掉层结构，如图 5-3 所示，掉层部分其中一侧没有全埋入土中，该外露侧没有土体约束，掉层顶板不能作为嵌固端，结构四周均有达到夯实要求土体的全埋式地下室才能作为上部结构的嵌固端。以基础层为嵌固端，上部结构水平力通过柱和墙传给基础和基础周边土体。PKPM 模拟计算，在设计参数时，应把上接地端标高设为基础连接最大柱底标高，或设置柱底支座，否则程序会显示悬空柱。此两种方式设置完后，PKPM 程序能够识别嵌固端的位置以及首层柱的计算长度。

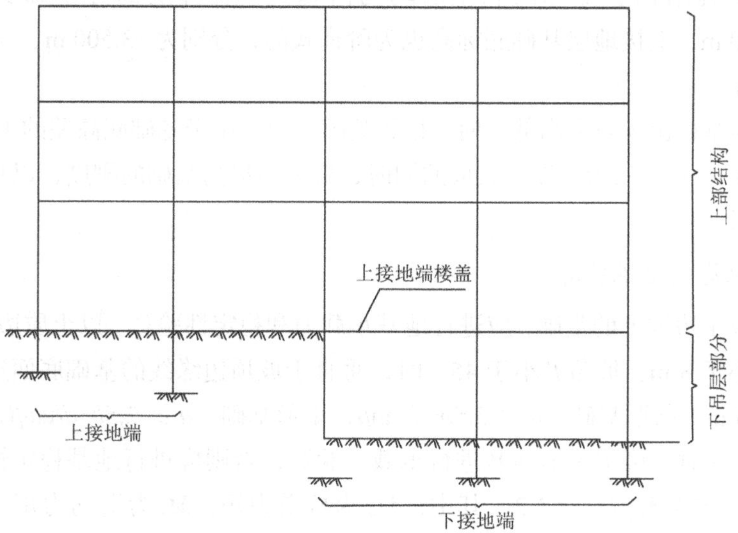

图 5-3　下掉层结构图（设置上接地端楼盖）

（四）基础设计

带下掉层坡地建筑，因土层变化较大，或出现阶梯形土层等，岩层大多表现出不稳定性，基础处于边坡边缘，相应地基承载力有可能降低，场地对建筑约束的不均匀是造成结构出现扭转的主要原因之一。因此，工程设计时，在基础埋深满足规范要求的前提下，设计人员不仅应进行地基承载力验算，还应进行边坡稳定性验算，对不满足要求的天然坡地进行边坡处理或设置永久性护坡。

1. 基础埋置深度计算

坡地建筑地面多数不在一个平面上，常会出现掉层结构和吊脚结构，场地或基础土层出现阶梯式，这样基础便会出现较多高差。根据《建筑地基基础设计规范》（GB 50007-2011）规定，在抗震设防区，天然地基上的箱型基础和筏型基础的埋置深度不应小于建筑物高度的 1/15，桩基础不应小于建筑物高度的 1/18。

建筑物高度应以室外地面最低点至房屋主要屋面为标高。该工程室外地面最低点为 −4.600 m，主要屋面标高为 13.200 m，故建筑物高度 H=13.200 m+4.600 m=17.800 m，基础埋深 d=H/15=17.800 m/15=1.187 m，结合地质勘察资料，以第二层粉质黏土层为持力层，采用独立基础，基础埋深应为 1.5 m。

该工程结构底部标高和土层均为阶梯式的，掉层部分基础底标高约为 −6.200 m，上接地层基础底标高也为阶梯式的，分别为 −3.500 m、−4.000 m、−4.600 m。

坡地基础出现较多高低差时，相邻基础间距不小于基础底高差的 1 ～ 2 倍，即 $L \geqslant (1 \sim 2)\Delta H$。逐步放坡的同时，应适当提高基础的刚度，以免发生不均匀沉降。

2. 地基稳定性验算

对位于边坡上的基础，应进行地基承载力和稳定性验算。以土质边坡为例，当坡高小于 8 m，坡角 β 小于 45° 时，垂直于坡顶边缘线的基础底面边长小于或等于 3 m。条形基础：$a \geqslant 3.5b-d/\tan\beta$；矩形基础：$a \geqslant 2.5b-d/\tan\beta$，且 a 不小于 2.5 m 时，可按平地地基进行承载力验算，否则应进行地基稳定性验算。其验算公式为 $M_R/M_S \geqslant 1.2$，其中，M_R 为抗滑力矩，M_S 为滑动力矩。边坡稳定性不满足要求时应调整基础平面位置和埋深或对边坡进行处理，以满足设计要求，如图 5-4 所示。

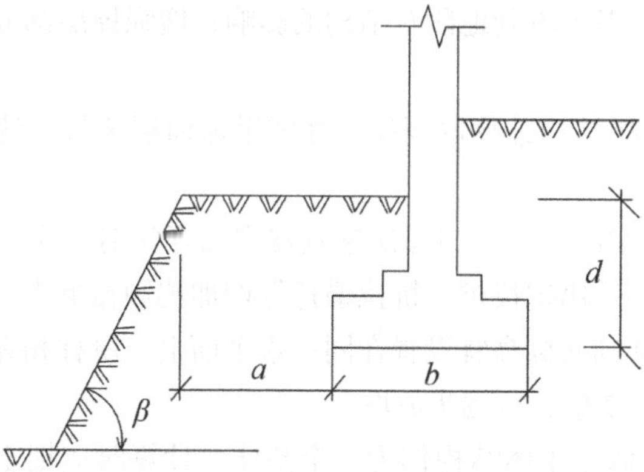

图 5-4　边坡上基础示意图

（五）挡土墙设置

坡地建筑设置钢筋混凝土挡土墙分为两种方式，一种是与主体结构脱开设置，另一种是与主体形成一个整体。

（1）挡土墙与主体脱开。单独设置挡土墙，挡土墙护坡施工完毕方可进行主体结构的施工。优点是结构受力明显，主体结构不再承受土体水平力。缺点是施工工期长，土方开挖大，浪费场地空间。

（2）主体结构兼作挡土墙。优点是主体同挡土墙一起施工，工期可以得到保证，减少土方开挖，建筑空间使用灵活。缺点是结构受力不明显，挡土墙四周土体对主体结构直接传递水平荷载，使结构底部产生较大扭转效应。PKPM 计算时按近似法，土体水平荷载的 1/3 输入柱顶节点，2/3 输入基础层节点，参与结构整体计算。在挡土墙垂直方向设置钢筋砼肋墙来减小土体水平力对主体结构的影响。

该工程选用主体结构兼作挡土墙方式节约土方的开挖、保证工程工期，对主体结构采取了加强掉层竖向构件截面和配筋、设置垂直于挡土墙的钢筋混凝土肋墙等措施，并严格控制结构扭转位移比，从而满足规范要求，保证主体结构安全。

坡地建筑依山而建，充分利用自然与坡地资源，使人、建筑和大自然和谐统一。但同时，坡地建筑呈天然不规则性，结构受力不均衡，扭转效应明显，抗震性能较差，这是在设计过程中应特别注意的问题。

这里对坡地多层建筑结构设计提出以下四点建议。

（1）从抗震概念设计出发，合理布置结构，控制扭转位移比；增大地震水平力影响系数，考虑不利地段对结构的影响；增强掉层部分结构竖向构件的刚度，加强配筋。

（2）合理选择结构计算嵌固端，并增设地面层梁板，使其形成一定的约束作用。

（3）控制基础的埋深，当无法达到规定的埋深时，应进行抗滑移和抗倾覆稳定性验算，并采用抗拔桩、抗拉锚杆等增加抗倾覆能力。房屋高度应从室外最低点起算，基础底标高宜设置在同一水平面上，阶梯相邻基础间距不小于基础底高差的 1 ～ 2 倍，应逐步放坡。

（4）若挡土墙与主体结构作为一个整体，计算时应把土体水平荷载输入柱节点，同时，在垂直挡土墙方向设置钢筋混凝土肋墙，以抵挡一部分土体传给主体的水平力。

掉层结构是坡地建筑结构中常见的一种结构形式，充分利用了场地自然地貌，减少了场地土方开挖，与大自然更加和谐，这也是现在大力倡导的绿色建筑设计理念。但由于掉层建筑自身的特殊性，其结构刚度沿竖向突变，竖向构件不连续，震害比平地建筑更严重，结构设计人员更应该重视抗震性能设计，结合实际地形地貌具体分析计算，严格控制设计的各项指标，加强抗震构造措施，使掉层结构抗震性能设计更加合理。

第二节　吊脚结构设计实例

一、吊脚概述

吊脚结构是不改变坡地环境，采用长短不同的柱（或桩）将坡地架空成平台后再在其上修建建筑物的结构体系。这种结构一般不利用架空部分，主要应用于较陡坡地或临江（或湖）地带。吊脚结构实质就是竖向不规则结构，可通过规范竖向不规则指标进行控制，而后采取一定的措施予以保证底部构件的延性，对不可避免的短柱需要进行特殊处理。

在建筑行业中，通常把建在不平整的山坡上的房屋的水平地面下面的高低不平的支持水平地面的建筑结构叫作吊脚。

《房产测量规范 第 1 单元：房产测量规定》（GB/T 17986.1—2000）中规定：依坡地建筑的房屋，利用吊脚做架空层，有围护结构的，建筑面积按其高度在 2.2 m 以上部位的外围水平面积计算。

武陵山区民居择地，为了适应山坡地形，建房不得不以吊脚之高低来适应地形之变化，在那里吊脚楼形式是首选。

二、重庆某高层建筑吊脚楼结构设计

高层建筑吊脚楼是山地建筑特有的城市设计风格，吊脚楼处理手法，既解决了山地高差较大的人流组织，又能减少工程土石方开挖量。本工程场地地形复杂，紧邻城市道路，位于斜坡地带，整个建筑大部分坐落在坡体上，±0.000 m标高距离自然坡面0～15 m，距坡脚21 m，结构设计和边坡处理难度很大。目前，国内外在高层吊脚楼建筑结构方面的研究很少。

（一）工程概况

本工程为纯住宅建筑，总建筑面积为2.6×10^4 m^2，共33层，建筑总高97.800 m。工程设计基准期为50年，结构合理使用年限为50年。抗震设防烈度为6度，地震分组为第一组，基本地震加速度为0.05*g*，场地类别为Ⅱ类，特征周期为0.35 s，抗震设防类别为丙类，结构安全等级为二级。基本风压按百年一遇，取0.45 kN/m^2，场地地面粗糙度为B类，体型系数、风振系数、风压高度变化系数按规范取值，对于山坡上的建筑，其坡顶处考虑了地形条件修正系数。

（二）地基基础设计

1. 工程地质概况

场地属丘陵顶部及斜坡地带，顶部地形较平坦，局部坡角大于40°，形成陡坡；场区内主要岩土层有人工素填土层、粉质黏土层、砂岩（与泥岩互层）、泥岩，中等风化泥岩岩体基本质量等级为Ⅳ—Ⅴ级，其天然抗压强度标准值为5.6 MPa，承载力特征值为1.68 MPa。拟建场地范围内无危岩、崩塌、滑坡等不良地质现象，场地和地基整体稳定性良好，为可建设的一般场地，适宜进行本工程的建设，但斜坡地段为建筑抗震不利地段。

2. 基础设计

场地覆盖层厚度0.6—2 m，以下为基岩，故本工程以中等风化泥岩为持力层，采用大直径人工挖孔灌注桩，在桩顶设置基础拉梁，核心筒采用筏板基础。由于地勘报告提供的地基承载力很低，按桩基相关规范计算，桩基截面和嵌岩深度均很大，筏板基础与周边桩基几乎连在一起，使设计、施工非常不方便。为了充分发挥岩质地基承载力在侧限状态下的潜力，并结合岩质地基特点和重庆地区经验，本工程采用了岩石原位载荷试验，确定中等风化泥岩承载力特征值为 2.34 MPa，桩侧阻力特征值为 0.2 MPa，地基承载力提高了约 50%，这样可节约基础投资，使基础设计更趋合理。

位于斜坡体上桩的嵌岩深度从岩体破裂面以外水平距离不小于 3 m 处开始计算，且满足相邻桩底连线与水平线之间的夹角泥岩不得小于 45° ，砂岩不得小于 60° 。为保证岩体边坡的整体稳定性，将离边坡最近的桩，在嵌岩部位以上的桩周围设隔离层与岩体隔开，详见图 5-5 ～图 5-7 所示。

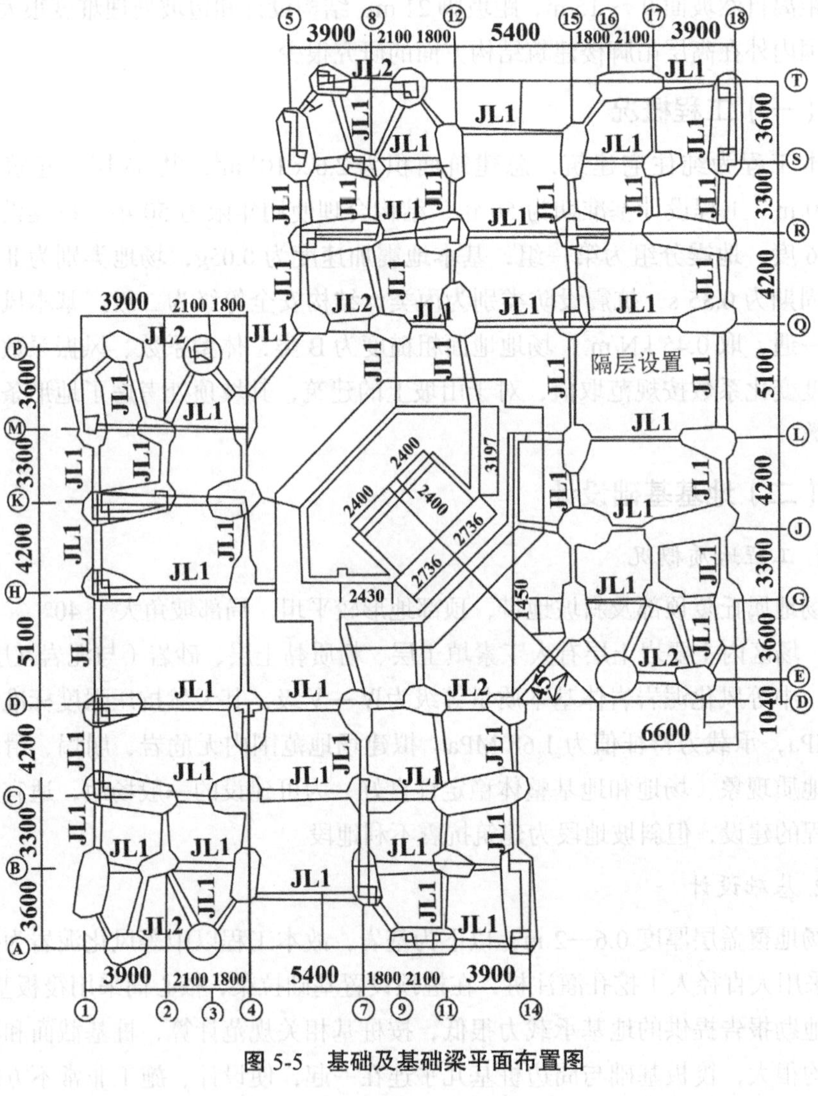

图 5-5　基础及基础梁平面布置图

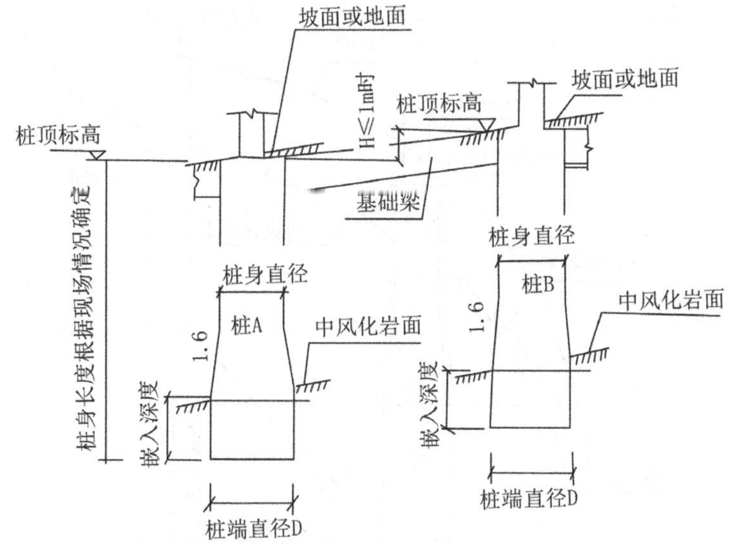

（a）$H \leqslant 1$ m时

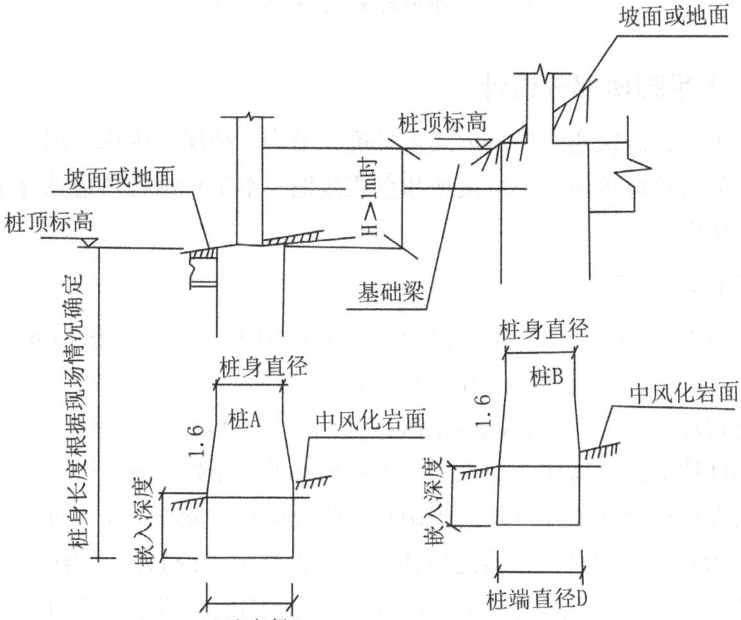

（b）$H > 1$ m时

图 5-6　基础梁设置示意图

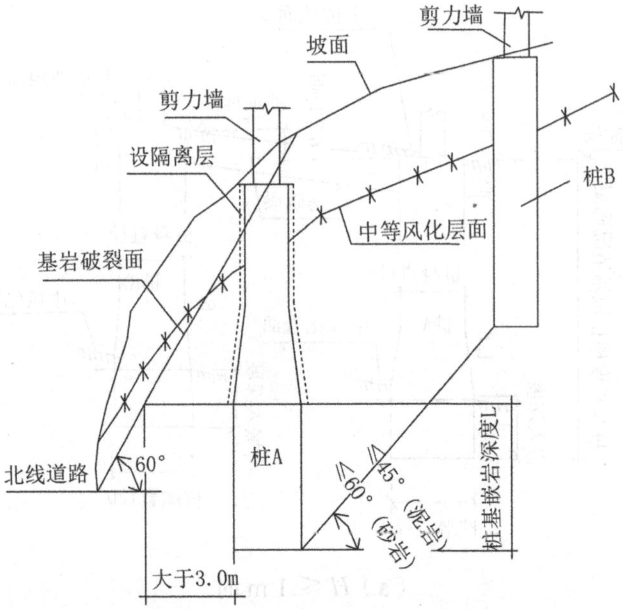

图 5-7 桩嵌岩深度计算示意图

（三）吊脚楼部分设计

一般来说，山地建筑接坡形式为悬挑、吊脚、掉层、附崖、退台，按采光方向也可分为顺坡接地、平坡接地和点式接地，本工程综合考虑选择了点式接地的吊脚楼形式。

1. 吊脚计算模型假定

本工程在坡顶以上 33 层，±0.000 层与坡顶平，坡顶以下 15 m 吊脚，坡体高度 21 m，坡体地质基本为中风化泥岩、砂岩。

结合现场实际情况，为减少吊脚部分柱、剪力墙肢的计算长度，设置了 3 层竖向构件拉梁，层高在 5 m 左右。由于地形的复杂性，施工时根据现场实际情况，对设置高度和范围进行适当调整，使拉梁尽可能在一个平面上，这样传力途径更为直接。同时，在接近坡体部位均设置水平或斜向（斜度≤ 150° ）的相邻基础或竖向构件间的拉梁。在高层建筑范围向两侧延伸 5—8 m，陡坡采用肋柱多点预应力锚索支护结构，边坡稳定安全系数大于 1.6，以提高岩石陡坡加载后的安全性，保证在 6 度设防地震力作用下，高层建筑水平力能及时有效传递到岩石地基和陡坡。这样可将吊脚高层建筑简化为陡坡上 33 层，坡下为 3 层的墙元计算模型，并视坡下临坡拉梁为部分结构的侧向支承。

2. 高层吊脚楼结构抗震性能分析

（1）对结构自振周期影响。从计算结果对比分析，主要影响结构第一振型周期，在斜坡上建筑总高度不变时，设置坡下侧向支承，使结构自振周期减小约 10%，主要是吊脚拉梁层结构比上部标准层质量小、侧向支承的有效作用及剪力墙刚度的增加（核心筒除外的剪力墙厚度为 400 mm、墙肢转角处设置 800 × 800 的芯柱），使建筑底部结构刚度有所增加。

（2）对结构基底剪力影响。吊脚的存在，使结构总高度增加，基底剪力增加不明显，吊脚部分平面面积的大小是主要影响因素，本工程吊脚部分平面面积约为标准层面积的 70%；筒体剪力墙直接坐落在坡顶区域，并未形成吊脚，其承担了结构总基底剪力的 65%；吊脚拉梁层部分剪力已直接传递至边坡岩质地基上。

（3）对层间位移角的影响。坡下的层间位移角明显小于标准层，由于吊脚层的出现及层高较高，坡顶第一层层间位移角发生突变，且出现薄弱层。与该层相邻层层间位移角也有突变趋势，设计时应采取抗震措施。

（四）上部结构设计

主体结构采用由短肢剪力墙和一般剪力墙组成的剪力墙结构体系，其中底部加强部位以下短肢剪力墙的抗震等级为二级，其余为三级。剪力墙厚度：第 1 层为 300 mm，2—5 层为 250 mm，5 层以上除筒体为 250 mm 以外均为 200 mm，混凝土强度等级为 C50 ～ C30。为使吊脚部分与上部结构更好地结合，保证整栋建筑的连续性，± 0.000 层板板厚为 180 mm。

采用 SATWE 程序对本工程结构进行空间分析，其中连梁刚度折减系数取 0.7，梁端负弯矩调幅系数取 0.85，梁扭矩折减系数取 0.4，周期折减系数为 0.9，考虑偶然偏心影响，整体计算结果如表 5-1、表 5-2 所示。

表 5-1　结构自振周期（单位：s）

T_1	T_2	T_3	T_4	T_5	T_6
2.7734	2.6665	2.4765	0.8671	0.8357	0.7363

表 5-2　结构水平位移

位移荷载类型	方向	最大层间位移角	
		计算层号	$\Delta u/h$
风荷载	X 向	11 层	1/2058
	Y 向	11 层	1/2721
地震	X 向	14 层	1/4064
	Y 向	14 层	1/4522

以结构扭转为主的第一自振周期 T_t 与以平动为主的第一自振周期 T_1 的比值为 0.893；设计选取 15 个振型，X、Y 方向有效质量系数分别为 94.26% 和 94.53%；X、Y 方向刚重比分别为 5.19 和 5.73。结构薄弱层在第一层，计算时将地震剪力放大 15%，以调整结构薄弱层构件内力，并进行一定的弹塑性设计。对于竖向结构，应保证剪力墙有足够的延性，底部加强部位短肢剪力墙的轴压比控制在 0.40—0.50 之间。为加强筒体及周边的刚度，将筒体及相邻跨的板厚取为 120 mm，双层双向配筋。

（五）设计中采取的结构抗震措施

当坡体为陡岩时，要采取非常可靠的支护措施，从而提高岩坡的稳定性。当坡体为土层时，人们可选择支护与主体结构整体合一，这样有利于坡下结构的消能减震。

高层建筑采用短肢剪力墙和筒体形成剪力墙结构体系时，若吊脚高度大于 5 m，则应控制短肢剪力墙承担的地震倾覆力矩小于结构底部总地震倾覆力矩的 35%，且应设置结构拉梁层，加强结构的底部抗侧移刚度，改善其抗震性能。

高层建筑吊脚楼结构能够可靠传递水平力，形成多道传递路径。第一，筒体剪力墙优先采用筏式基础，基底不能出现零应力区，更不能形成吊脚。第二，吊脚范围的竖向构件通过拉梁与坡上基础连接，构建主体结构侧向支撑。

与坡顶相接的结构层，由于结构刚度、层间位移角发生突变，本层楼盖设计可参照规范结构转换层和嵌固层的抗震措施设计，以保证楼板的水平承载力和连续性等。

为增加高层建筑吊脚层的抗侧移刚度，在计算时应将竖向构件水平力乘以放大系数 1.2，且应在剪力墙肢（核心筒除外）的转角处设置芯柱，使墙、柱共同受力，减小墙肢轴压比，提高其延性，以实现设定的抗震性能目标。

为解决高层建筑基础埋置深度的问题，设计时，我们采取了以下措施：

（1）结构整体倾覆弯矩小于抗倾弯矩的 70%；

（2）由于混凝土与基岩的摩擦系数较大，抗滑力强，建筑整体抗滑满足规范要求；

（3）重视筏板基础设计，基础底面不出现零应力区，桩基础均原槽浇灌，充分发挥岩质地基抗侧压承载力高、完整性好、侧限可靠的优势；

（4）吊脚层与坡上基础拉梁的设置，使主体结构整体底部水平力能可靠地传递给岩质地基。

综上所述，某高层建筑吊脚楼结构设计应考虑以下三个方面的内容。

（1）坡地建筑的结构设计应充分考虑岩土边坡的地质条件，通过边坡支护设计，确保边坡的稳定性。

（2）高层建筑吊脚楼结构设计应研究掉层结构的抗震性能，选择合理计算模型，针对结构薄弱部位，采取增设吊脚墙肢芯柱、吊脚层侧向支撑等相应的结构措施。

（3）重点关注结构及基础与边坡的受力情况和相互作用关系，在满足主体结构的整体稳定、抗滑移条件下，控制基础的嵌岩深度和边坡的位移，同时，必须加强施工监测。

三、吊脚式民居结构分析

我国西南地区因为山地众多，当地人民建造房屋选择了吊脚建筑这种非常具有特色的建筑形式。吊脚式建筑具有自己独特的特点，在山地建造房屋时如果像在平原建造时进行场地的平整，一是工程量过大，不具有经济性和现实性；二是对环境的影响过大，既破坏环境又影响山坡的稳定性。当今建筑提倡“生态型”和“场所精神”，吊脚楼的因地制宜的建筑原理就是最恰当的体现。所以，吊脚式建筑对于山区人民来说是最好的选择，吊脚楼的建设布局淡薄了整体建筑概念，往往依山依水而建，不追求轴线、中心和对称，而是依坡就坎，随弯就曲，如图 5-8 所示。竖向不规则性导致吊脚结构和普通的框架结构存在着很大的差异，但是现在并没有专门针对吊脚结构的研究和相关的规范，民居的建造多是依据传统木结构的建造经验和普通框架结构的设计规范。传统木结构的抗震性能较好，而现在的砖结构和钢筋混凝土结构的抗震性能相对来说较弱。所以这里在结构材料方面选用钢结构，钢结构抗震性能要优于砖结构和钢筋混凝土结构。由于国家政策的改变和钢材价格的降低，建筑行业的钢结构建筑越来越多。人们可以把钢构件在工厂制作完成后，运输至工地现场进行拼接安装，这解决了在山区现场施工难的问题。

图 5-8　吊脚结构

（一）有限元模型的选择

下面以重庆山地某实际建造的农村民居的图纸为例，主要为了对建筑的竖向不规则性进行分析，所以对图纸进行了一部分修改保证平面的规则性。下面对普通钢框架结构和吊脚钢框架结构两个有限元模型进行对比分析。普通钢框架模型是一个三层的坡屋顶建筑，占地为 9.7 m × 10.74 m，一层层高 3.3 m，二层和三层层高 3 m。吊脚钢框架是上部三层和一个吊脚层的建筑，上部结构和普通钢框架结构一样。建筑图一层平面图如图 5-9 所示，二层和三层平面图如图 5-10 所示。

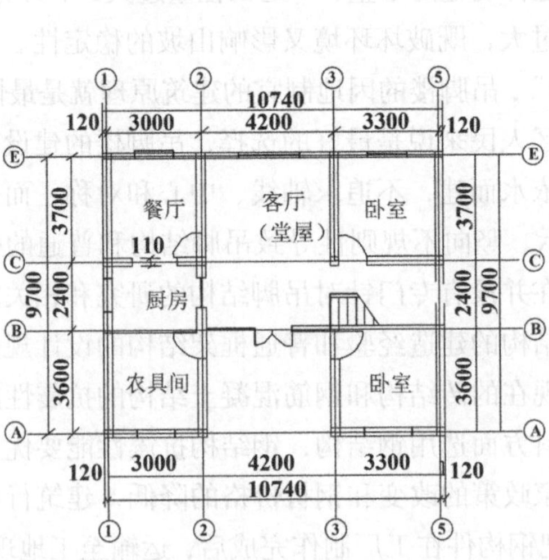

图 5-9　一层平面图

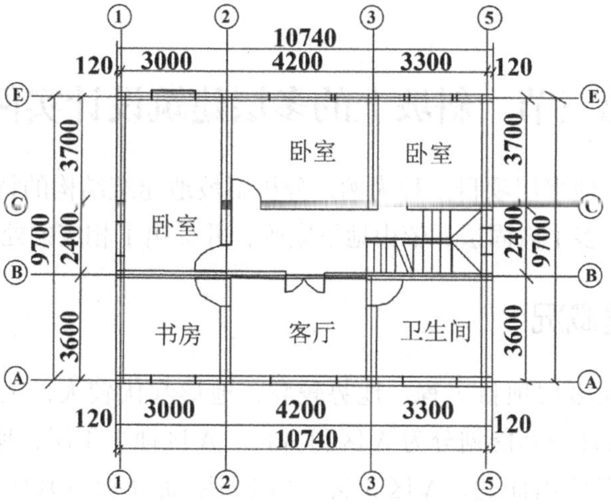

图 5-10　二、三层平面图

（二）有限元模型的建立

这里有限元模型采用结构类专用有限元软件 SAP2000，钢材全部采用 Q235。框架柱采用箱型柱 300 mm × 300 mm × 8 mm，框架梁采用 H200 × 200 × 10 × 12，采用框架单元模拟框架柱和框架梁。楼板是 100 mm 厚的混凝土楼板，屋顶采用夹心保温板，都采用膜单元模拟。吊脚模型采用场地坡度 30°，最短的吊脚柱长 1 m，最长的吊脚柱长 6.6 m。对于振型数的选择应使振型质量参与系数达到 90% 以上。

总之，吊脚框架结构的上面三层的层间位移角比普通框架结构的都大，在吊脚结构设计时，应增大结构刚度，以免出现层间位移角超过规范限值的现象。底层的框架梁受力作用较大，出现应力比超限问题时必须增大底部框架梁的尺寸。上部的力在吊脚层不是均匀传导的，上部结构力经底部梁传导后，吊脚层短柱承受了大部分力，吊脚层的其他柱子受力较小。所以，吊脚层短柱的尺寸往往需要加大，在地震作用下，这是结构明显的薄弱部位。吊脚层长短不一的框架柱导致吊脚层的刚度特别不均匀，在地震作用下，扭转效应明显。问题严重到很可能位移比超过规范的限值，必须特别注意。

第三节　斜坡上的多层建筑设计实例

以重庆某坡地多层项目工程为例，分析了坡地建筑结构的特点，如结构和地基的稳定性、多个嵌固层、依山地下室等，并提出了相应的处理办法。

一、工程概况

重庆某坡地多层项目工程，地势较高，地形起伏较大，工程建筑面积为 $2.5\times10^4\ m^2$。按建筑功能划分为 A 区和 B 区，A 区地下 1 层，地上 4 层；B 区地上 6 层。工程依山而建，A 区 3 层、4 层和屋面分别与 B 区首层、2 层、3 层相连。由于受建筑功能布置的限制，本工程 A 区和 B 区采取不分缝结构设计。

二、地基处理及基础设计

（一）地质水文条件

本工程拟建建筑场地地势较为陡峭，位于山坡中部，可能存在山体稳定性的安全问题。工程建设需开挖部分山体，也存在山体稳定性的安全问题。根据《地质灾害防治条例》的有关规定和《岩土工程勘察规范（2009 年版）》（GB 50021—2001）的规定，设计者应对场地的山体稳定性进行专门的勘察和评价，对山体开挖、工程施工及工程竣工后场地发生地质灾害的可能性进行评价。根据地质灾害的评估结果可知，拟建场地所处区域范围内无影响场地稳定性的不良地质作用，适宜作为建筑场地；但场地位于山前地带，地质条件复杂，围岩护坡高度超过 20 m，在暴雨等极端天气条件下可能存在滑坡和泥石流等地质灾害隐患。

本工程拟建场区地层上部为人工填土，其下为第四系坡积物和岩层，自上而下分为 4 大层。第①层为人工填土，主要为灰渣、砾石和建筑垃圾；第②层为山前坡积物，风化程度很高，为角砾夹土，以坡积的碎石和角砾为主，砾径不等，菱角锋利，层间夹有粉质黏土，土的含量不均；第②层以下为岩层，为侏罗系南大岭组的基性浅成或喷出岩浆岩——玄武岩；第③层为强风化玄武岩，岩体破碎，裂隙很发育，结构大部分被破坏；第④层为中风化玄武岩，裂隙发育，岩体较完整；第⑤层为微风化完整玄武岩，岩芯完整。各层岩土地基承载力见表 5-3 所示。

表 5-3　各层岩土的分布及地基土承载力特征值

土层编号	土层名称	土层厚度	低级承载力特征值 f_{Ak}/kPa
①	杂填层	1.0 ～ 2.0	—
②	角砾夹土	1.0 ～ 5.0	700
③	强风化玄武岩	0.0 ～ 14.0	—
④	中风化玄武岩	4.0 ～ 8.0	1000
⑤	微风化玄武岩	未揭穿	2000

勘察范围内未发现地下水，在进行建筑物基础设计和施工时可不考虑地下水影响。

（二）基础设计

从以上地质条件可以看出，第③层和第④层都是理想的持力层。A 区地下 1 层 3.9 m 高，为全地下室，基底标高处即为第③层和第④层，为减少岩土开挖量，同时复核基础沉降差，A 区采用独立基础，基础持力层为第③层和第④层取基础埋深 1.5 m，地下室底板设建筑配筋地面，这样可减少岩石继续风化。

B 区首层和 2 层均设有基础，且处于坡体台阶上部，没有全地下室，岩体外露。根据勘察钻孔资料，B 区采用独立基础，基础持力层选定为第④层中风化玄武岩。为避免地基风化和溶蚀，应适当加深基础埋深，基础埋深取 2.5 m，同时做好地面排水设计。

B 区与 A 区交接处，存在 9 m 高的岩石坡体。岩体以上的 B 区基础的荷载可能对岩体产生不利影响。设计时采取以下主要措施保证坡体以上岩体和建筑物的稳定：当 B 区基础底部岩石裂隙面的倾斜角度和倾斜方向背向 A 区时，岩体稳定受影响较小，但由于基坑开挖对岩层的连续性和整体性可能存在不利影响，仍有整体失稳的可能，为增强 B 区基础的整体性和稳定性，独立基础之间设置基础拉梁，并设置 200 mm 厚的构造底板，加深与 A 区相邻的基础的埋深，使基底应力扩散范围内无岩体临空面；当 B 区基础底部岩石裂隙面的倾斜角度和倾斜方向朝向 A 区时，除采取上述措施外，应对岩体进行处理，采用挡土墙和预应力锚杆的永久性支护方案，这样既可以保证岩体和上部结构的稳定，又可以保护岩体减少风化侵蚀。

三、多个嵌固层的处理

由于受建筑功能布置的限制，本工程 A 区和 B 区采取不分缝结构设计，A 区和 B 区同为一个计算单元。A 区地下 1 层全部埋于地下，嵌固于首层，绝对标高为 63.400 m；B 区没有全部埋于地下的楼层，嵌固于基础，而 B 区基础依地势分别位于 B 区首层和 2 层，绝对标高分别为 76.300 m 和 80.700 m。可见，本工程有 3 个嵌固楼层，而每个嵌固楼层仅对局部抗侧力构件进行了 6 个自由度的约束。

计算简化模型如图 5-11 所示。在 A 区地下 1 层设置全地下室，在 B 区首层和 2 层设有基础的柱底、剪力墙底施加支座固接约束。针对多个嵌固层，计算中采用与实际相符的计算模型，为验证程序和模型的可靠性，同时采用 SATWE 和 ETABS 进行计算。

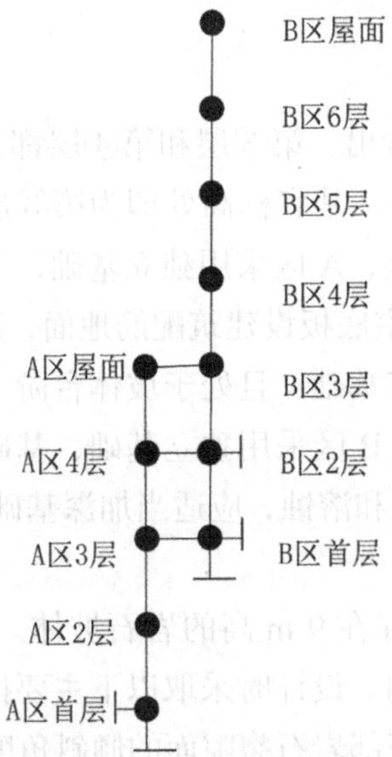

图 5-11　简化模型

从概念上把握结构的整体抗震性能，应该加强 A 区和 B 区的整体性，充分利用 B 区两层局部嵌固对整体结构的有利影响。A 区 3 层和 B 区首层、A 区 4 层和 B 区 2 层均采用框架梁 + 厚板的楼盖体系，并双向双层配筋，配筋率不小于 0.2%，增强楼板整体性和传递地震力的能力。

对 A 区结构而言，上下端均被嵌固，重点应该防止中部扭转作用，故设计时在 A 区远离 B 区部分加设剪力墙，以增加其抗扭转的能力。

对 B 区结构而言，主要针对底部 3 层，A 区结构对其的拖累作用，使得 B 区底部承受较大的地震剪力，设计时采用加设剪力墙、加大基础埋深、原槽开挖基坑、加设基础拉梁和构造底板等方法予以增强抗震性能，同时控制底部 3 层的扭转位移比。

以上概念和模型计算结果基本吻合。图 5-12 为各层质心振动简图，可以看出，底部几层位移较小，说明 B 区底部的嵌固对于整个结构的有利影响较大；只有高振型底部几层的位移稍大，这主要是结构扭转位移导致的。

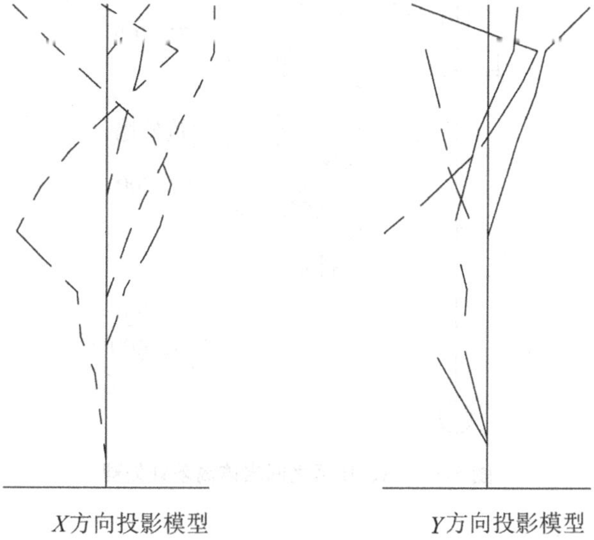

图 5-12 各层质心振动简图

四、依山半地下室的设计

坡地建筑均依山而建，建筑师根据地势进行楼层和功能布置，势必造成依山半地下室，即 4 面中至少有 1 面没有被岩土遮挡（这里称有岩土遮挡的一面为迎坡面）。本工程 A 区首层、2 层的东侧和北侧没有被岩土遮挡，而西侧和南侧为山体，为迎坡面；同样，B 区首层、2 层的东侧和北侧没有被岩土遮挡，而西侧和南侧为山体，为迎坡面。按照通常做法，在迎坡面设置钢筋混凝土外墙作为挡土墙，但是这样带来两个问题：第一，由于设置的钢筋混凝土外墙对于整个建筑属于不对称布置，加上外墙刚度极大，所以造成结构刚心与质心偏离较大，结构扭转严重；第二，由于钢筋混凝土外墙与岩体直接接触，岩体振动直接传给结构，从而结构在嵌固层以上受到不确定的水平地震力，其对结构产生不利影响。基于以上分析，本工程采取护坡与结构主体完全分离的设计方法，如图 5-13 所示，避免了以上问题的发生。

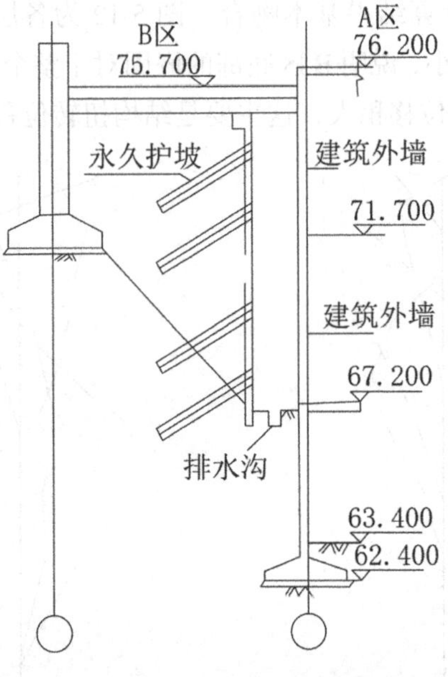

图 5-13　A、B 区之间岩体高差处处理

五、上部结构的设计

（一）结构选型

本工程位于 8 度区，地震基本加速度值为 0.29，Ⅱ类场地，属于重点设防类（乙类）建筑。为确保结构安全，设置两道防线，本工程采用框架剪力墙现浇混凝土结构体系。

（二）计算结果的分析

由于本工程形体复杂，为验证计算程序和模型的可靠性和准确性，本工程同时采用 SATWE 和 ETABS 计算，并对计算结果进行比较分析。以下是两个程序的主要计算结果对比。

分析总结表 5-4 中的数据，可得：ETABS 计算结果与 SATWE 计算结果吻合较好，说明建立的计算模型以及计算结果是可靠的。

表 5-4　两个软件主要计算结果

ETABS 结果			SATWE 结果
结构总质量 /t		43585	43276
自振周期	T_1 T_2 T_3	0.65 0.55 0.50	0.60 0.54 0.48
最大层间位移角	*X* 向	1/865（8 层）	1/871（8 层）
	Y 向	1/910（8 层）	1/924（8 层）

注：结构总质量为活载折减后的结果，层间位移角层号为计算层号。

综上所述，斜坡上建造多层建筑时应注意以下几个方面。

（1）坡地建筑基础设计前应对场地稳定性进行评估，对不稳定的场地应采取措施保证坡体以上岩体和建筑物的稳定；虽然场地无滑坡和泥石流危险，但是基坑开挖对岩层的连续性和整体性可能存在不利影响，建筑仍有整体失稳的可能，设计时仍应采取必要的措施，加强上部建筑和岩体的整体性和稳定性。

（2）坡地建筑由于建筑功能确实不能分缝设计时，除出现高低脚的多个嵌固层，应从概念上把握结构的整体安全性，并应对程序的计算结果进行必要的校核。

（3）按普通地下室设计依山地下室会导致结构刚心和质心严重偏离，造成结构扭转严重，同时会使地震力直接传递到房屋中部，人们应采取“营造平地环境”的做法，使结构与坡地岩体分离。

（4）复杂坡地建筑结构采用多个程序进行计算，对于验证计算程序和模型的准确性和可靠性是必要的。

参考文献

[1] 宗轩．图说山地建筑设计 [M]．上海：同济大学出版社，2013．

[2] 李小荣．山地城市快速路系统规划设计与实践 [M]．重庆：重庆大学出版社，2019．

[3] 王平好．当代城市开放空间设计研究：以重庆山地城市为例 [M]．长春：吉林美术出版社，2020．

[4] 卢济威，王海松．山地建筑设计 [M]．北京：中国建筑工业出版社，2001．

[5] 黄光宇．山地城市规划与设计 [M]．重庆：重庆大学出版社，2003．

[6] 李雄伟，何建波．山地商业综合体工程设计实践 [M]．天津：天津大学出版社，2017．

[7] 黄光宇．山地城市学 [M]．北京：中国建筑工业出版社，2002．

[8] 左进．山地城市设计防灾控制理论与策略研究：以西南地区为例 [M]．南京：东南大学出版社，2012．

[9] 王中德．西南山地城市公共空间规划设计适应性理论与方法研究 [M]．南京：东南大学出版社，2011．

[10] 蒋中贵．山地城市交通设计创新与实践 [M]．重庆：重庆大学出版社，2019．

[11] 重庆市规划设计研究院．山地城市设计的重庆实践：2006—2016[M]．北京：中国建筑工业出版社，2019．

[12] 周跃．山地灾害与生态工程 [M]．昆明：云南科技出版社，2004．

[13] 黄本才，汪丛军．结构抗风分析原理及应用 [M]．2 版．上海：同济大学出版社，2008．

[14] 李英民，刘立平，韩军．山地建筑结构基本概念与性能 [M]．北京：科学出版社，2016．